한국 유산기

흘러온 산 · 숨쉬는 산

한국 유산기(遊山) 흘러온 산 · 숨쉬는 산

김재준 지음

1판 1쇄 발행 | 2018. 12. 17

발행처 | **Human & Books**
발행인 | 하응백
출판등록 | 2002년 6월 5일 제2002-113호
서울특별시 종로구 삼일대로 457 1009호(경운동, 수운회관)
기획 홍보부 | 02-6327-3535, 편집부 | 02-6327-3537, 팩시밀리 | 02-6327-5353
이메일 | hbooks@empas.com

ISBN 978-89-6078-682-0 03980

遊山

한국 유산기

흘러온 산 · 숨쉬는 산

김재준 지음

Human & Books

차례

한국 유산기 그리운 산 · 나그네 길

흘러온 산·숨 쉬는 산
한국 유산기

옛 선비들은 산을 찾는 것이 하나의 문화였으며 오늘날 세계 여행쯤 되는 대단한 일이어서 등산이라 하지 않고 유산(遊山)이라 했다. 단순히 놀며 즐기는 것보다 이름난 산을 따라 다니며 자연을 섬겨 구경하였던 것이다. 산을 신성하게 여겨 마음을 다지며 도를 닦는 곳으로, 여행의 대상으로 삼았다. 요즘 등산처럼 하루 · 이틀 아니라 길게는 몇 달씩 걸리는 오랜 나그네 길(Grand Tour)이었으니 시간과 물질적 여유가 없으면 어려웠다. 그럼에도 올곧은 성품을 가지려 산으로 강으로 흘러간 것이다. 무위자연(無爲自然)을 실천하려 있는 그대로의 자연에 거스르지 않고 안분지족(安分知足)의 삶을 추구하였다. 18~19세기 루소(Rousseau)와 소로(Thoreau)도 자연을 외치며 숲으로 갔으니, 동서양을 막론하고 문명 속에서 이기적인 마음을 순화시키려 산을 찾았고 자연을 최고의 스승으로 쳤다.

해외 산악관광을 다녀온 사람들은 우리나라 산은 보잘 것 없다고 한다. 맞는 말이다. 그러나 3천 미터 넘는 거대한 산은 신의 영역이어서 위압감을 주기 때문에 교감이 어렵다. 히말라야 · 안데스 · 로키 · 킬리만자로 · 알프스 등에 비하면 규모는 작지만 어머니 품처럼 우리 산은 아늑하고 사연도 깊다. 그러기에 선현들은 산 · 나무 · 풀이름 하나라도 예사롭게 짓지 않았다. 봉화산 · 국사봉 · 옥녀봉 · 매봉산 · 남산… 꽝꽝나무 · 딱총나무 · 생강나무, 사위질빵 · 며느리밥풀 · 노루오줌 · 도깨비부채……. 특히 4천 개 넘는 산에서 봉화산 이름이 제일 많은 것은 그만큼 침략에 시달렸다는 사실이다. 오죽했으면 꽝꽝나무였겠는가? 이러니 어느 것 하나도 숱한 애환과 혼이 녹아들지 않을 수 없었을 것이다. 민초들이 어렵고 나라가 위태로울 때 산천초목(山川草木)도 울었고 함께 숨 쉬면서 서로 동질성을 느끼게 되었다. 겉모습만 견주어 우리 산을 보잘 것 없다고 할 것인가? 그 의문에서 이 책을 쓰게 되었다. 산은 나의 주장에 동의해 줄 것으로 믿는다.

질풍노도(疾風怒濤)의 시절부터 홀린 듯 산에 다니며 꿈을 키우던 세월이 어느덧 30여 년 되었다. 새벽같이 산에 이끌려 오르내리던 날들, 숲속에서 길을 잃고 낯선 곳으로 내려와 숨은 이야기를 물으며 숲이 부르는 소리, 나무가 들려주는 노래도 알았다. 미끄러지고 뒹굴며 땀에 젖은 수첩에 순간의 감동을 놓치지 않으려 안간힘을 썼다. 궂은 날씨도 아랑곳하지 않고 오로지 현장을 채록하며 사진기에 표정을 담았다. 식물의 냄새 · 풍경, 산천의 유래, 전설과 더불어 자연생태의 이파리 뒷면에 가려져 있던 인문적인 것까지 들춰내려 애썼다. 부족하지만 청소년들에게 호연지기를 키우고 숲과 문화를 알리는 데도 보탬이 됐으면 좋겠다. 흘러온 산 · 숨 쉬는 산, 한국 유산기를 펴내며 오늘도 발길을 새로 딛는다. 산길의 반려자가 되어준 친구, 사진 정리에 애쓴 영신 작가님, 흔쾌히 출판해 주신 휴먼앤북스 하응백 박사님, 손을 내밀어 준 모든 분들께 인사드린다.

2018년 9월 지은이 김재준(재민)

산신령이 사는 가리왕산, 두위봉

정선유래 · 쉬땅나무 · 생강나무 · 산삼금표 · 아우라지

정선아라리 · 아리랑 · 멧돼지 · 1,400살 주목 · 사북항쟁

영동고속도로 진부 나들목 내려서 정선으로 간다. 주말 여름 휴가철이지만 동서울, 호법을 지나자 다행히 정체구간이 짧다. 구불구불 강을 따라 가는 길은 산이 아니라 산으로 둘러쳐진 벽이다. 산이 만든 벽. 기교를 부릴 줄 모르는 무표정한 강원도 산들, 모두 90도로 곧추 섰다. 백석폭포를 지나 어느덧 산그늘이 내린다. 서울에서 거의 4시간, 저녁 6시 40분경 읍내 여관에 짐을 풀고 장터골목으로 나서니 모든 것이 정겹다.

곤드레 비빔밥, 콧등치기국수, 메밀부침개, 막걸리 한 잔. 으스름 내린 교육청 시커먼 뒷산을 바라보며 걷는데 벽화의 아리랑 노랫말이 재밌다. "술 잘 먹고 돈 잘 쓸 때는 금수강산일러니 술 못 먹고 돈 떨어지니 적막강산일세."

"매일 금수강산?"

"……."

정선(旌善)은 백제에서 신라로 망명한 전씨(全氏)에 내린 시호가 정선군이라는 데서 유래한다. 정선이라는 표현은 우리글이 없던 시절 "넓고 큰 언덕 · 산고을" 을 뜻하는 돍(旌) · 숡(善)의 차음(借音)이 후대에 굳어진 것으로 보인다. 고려 말 문인 이색, 곽충룡 등은 "풍속이 순박하여 백성들은 송사가 없고 일백

계곡 나무다리

천일굴

번 굽이쳐 흐르는 냇물은 바다로 향하고 절벽은 하늘에 의지해 가로질렀다." 했다. 남한강 물길 따라 서울로 오가던 뗏목 터로도 이름났다.

다음날 읍내에서 15분가량 달려 가리왕산휴양림에 도착하니 아침 7시다. 산책하는 사람에게 등산로 입구를 물었더니

"산이 깊어 두 사람이 가긴 좀……."

주눅 들게 하는 것도 아니고 나의 호기심을 이길 수는 없었다.

"어차피 먼 길 왔는데 올라가자."

"……."

심마니교에서 정상까지 5.2킬로미터, 물이 콸콸 쏟아지는 계곡 나무다리를 지나자 쉬땅나무 흰 꽃, 분홍빛 노루오줌도 바위에 흘러내리는 물과 어울려 폈다. 바위 속에 뚫린 천일굴에 잠시 선다. 어른 서넛이 들어가 앉을 만한 뾰족한 바위굴이다. 천 일 동안 기도하면 도를 얻을 수 있다는데 90년대 초 젊은 여인이 3년 수도 후 행방이 묘연하다고 씌어있다. 험상궂은 산세를 보니 과연 행방불명 될 만한 산이로다. 심산유곡 어디로 갔을까? 의문을 가지고 산으로 오른다.

당단풍 · 쪽동백 · 신갈 · 굴참 · 고추 · 고광 · 생강 · 고로쇠 · 소나무들이

쉬땅나무

마가목

숲을 만들고 있다. 좁은 산길로 분홍빛 칡꽃이 떨어졌고 물소리 더욱 요란하다. 다래 · 개다래 · 박쥐나무는 잎이 훨씬 크고 고광 · 고추나무가 바윗길 에워쌌다. 산목련 · 산뽕 · 난티나무 아래 꽃대를 올린 멸가치, 박쥐나물, 실처럼 가는 줄 파리풀, 잎이 크고 날카로운 도깨비부채, 머리 풀어헤친 요강나물……. 물봉선도 한껏 물을 머금고 흰색 꽃을 피웠다.

7시 45분, 밀림을 헤치고 오르니 여기는 검은 숲이다. 아직 정상은 4.5킬로미터 남았는데 맹수가 나올 것도 같다. 15분 더 올라 계곡물 한 잔, 산길에 하얀 꽃을 피운 쉬땅나무 향기다. 하룻밤 짙은 분 냄새? 파마 냄새 같다. 쉬땅나무는 산골짜기, 계곡에 잘 자라며 키가 작고, 높은 산에 사는 마가목은 큰키나무다. 긴 삐침 모양인 마가목에 비해 쉬땅나무 잎은 약간 넓다. 꽃피는 때도 7월, 마가목은 6월경이다. 둘 다 장미과 깃꼴겹잎(羽狀複葉)은 같다. 새순은 나물로 먹고 줄기껍질을 진주매(珍珠梅)라 해서 늦가을 햇볕에 말려 가루로 쓴다. 피를 맑게 하고 골절 · 타박상 · 종기 · 통증을 없애는 데 좋다고 알려져 있다. 하얀 꽃무더기가 수수깡[1]처럼 생겨서, 나무 탈 때 줄기에 있던 공기가 "쉬~" 새며 더 뜨거워지면 "딱"소리 난다고 쉬땅나무다.

이 숲의 위층은 신갈 · 물푸레나무, 중간은 생강 · 고추나무, 아래에는 물봉

1) 수수 또는 수수의 이삭이나 줄기를 가리키는 사투리.

선이 자란다. 다래 줄기가 온갖 나무들을 친친 감고 있으니 아마존의 원시 밀림지대다. 이끼가 바위 돌을 파랗게 덮어버려 왕관을 닮은 관중은 더욱 기세등등하다. 컴컴한 오르막길, 따라오며 뭐라고 중얼거리는데 독사를 봤다고 한다.

밧줄로 친 난간대를 잡고 오르는데 고개 들어보니 차츰 환해진다. 정상 가까워지는 걸까? 8시 20분 어은골 임도(정상2.4 · 휴양림4.3 · 광산골임도7 · 마항치사거리임도14.8킬로미터)에 닿는다. 물고기가 숨어 살만한 어은골(魚隱谷) 골짜기다 올라왔다. 깊은 계곡 이무기를 피해, 찬물을 피해 숨었는지 모르지만 물고기나 사람이나 숨어살기 좋다. 택리지에도 정선을 은거(隱居)하기 좋은 곳이라 하였다. 자두, 빵, 곤드레 한 잔에 잠시 쉬다 가려니 모기가 가만두지 않는다. 다시 오르막길 걷는데 친구는 곤드레만드레 되었는지 한참 뒤처져 온다. 10여 분 올라 상천암 바위팻말이다.

9시경 신갈나무 고목에 붉은 덕다리버섯, 다람쥐 한 마리 쪼르륵 올라간다. 오르막 산길은 신갈 · 물박달 · 당단풍 · 생강 · 미역줄거리나무들이 주인이다. 확실히 이산의 생강나무 열매는 굵고 크다. 오죽했으면 "싸릿골 올동백이 다 떨어진다."고 했을까? 아우라지 처녀는 동백열매 찧어 사랑하는 이를 위해 머릿기름 예쁘게 바르고 싶은데 궂은 날씨는 속만 태운다. 억수장마에 열매 다 떨어지면 머릿기름은 허사가 될 것이니 처녀는 애가 탈 지경이다. 그래선지 꽃말도 "수줍음"이 됐다. 강원도에서는 생강나무를 동백 · 동박나무라 부른다. 가지와 잎에 생강 냄새가 나서 생강나무다. 계곡이나 숲속에서 5미터까지 자란다. 3월에 노란 꽃이 뭉쳐 잎보다 먼저 피며 열매는 검게 익는다. 연한 잎은 장아찌, 나물로 먹고, 열매로 술을 담그거나 기름을 짜 머리에 발랐는데 강원도에서 말하는 동백기름이다. 위장병 · 오한 · 감기 · 산후에 껍데기를 달여 마셨다. 타박상에 잎을 찧어 바르고 가지 말린 것을 황매목(黃梅木)이라 해서 기침 · 해열 · 배앓이에 썼다.

첩첩산중 박달나무가지는 하늘 덮었고 안개도 앞길을 막지만 산에 미친 우리를 멈추게 하지 못했다. 엄나무 고목이 길게 위로 뻗었다. 신갈 · 박달나무 숲에 나무들이 군데군데 넘어져 주무신다. 바위벽에 붙은 고사리는 안개를 먹고 사는지 자못 생기 넘친다. 9시 10분 한씨 묘지, 10분 더 지나 정씨묘지다. 이 깊은 산 무덤은 천수를 누릴 것이다. 잎이 심장을 닮은 찰피나무, 당단풍, 안개구름 속에 기화이초들이 자라니 인간세상이 아닌 듯.

안개와 붉은 나리꽃.

"……."

"옆을 보고 있으니 중나리다."

"하늘 보면 하늘나리, 땅을 보면 땅나리……."

"그런 거야?"

"맞다."

흰 깃털 같은 승마 꽃을 보며 올라가는데 박쥐나물, 사초, 단풍취도 꽃대를 올렸다. 붉게 노란 동자꽃, 분홍꽃잎이 다섯인 이질풀……. 멧돼지가 숲속에 밭을 매 놨다. 숲이 울창해서 희귀한 약초가 많이 자라는 곳이니 멧돼지가 좋아할 수밖에…….

9시 30분 산 능선이다. 마가목 열매는 아직 파랗고 접골목은 빨갛게 익어서 빗물이 뚝뚝 듣는다. 10분 지나 마항치(馬項峙) 삼거리(가리왕산0.8 · 마항치사거리2.3 · 휴양림5.9킬로미터).

"말목 고개를 한자로 썼을 거야."

"……."

"숲이 우거졌지만 말안장 같은 곳이다."

10시 헬기장(정상0.5 · 어은골임도1.2킬로미터) 지나 미역줄나무와 노박덩굴 연노랑 꽃은 서로 비슷해서 헷갈리겠다. 분홍 잔대꽃, 노란 동자꽃, 참취나물 흰꽃, 검붉은 바디나물 꽃도 모두 어울려 있지만 각양각색이다. 정신없이 바라

가리왕산 정상

돌무더기

보며 올라오다 마항치 근처에 모자를 두고 왔다.

10시 10분, 정상에는 시커먼 돌무더기가 우릴 맞는데 마치 고원에 돌로 제단을 쌓은 것처럼 가지런하다. 안개바람에 몸이 떨려 춥다. 멀리 광활한 군웅할거의 산맥들이 보일 듯 말 듯 안개가 짙어서 답답하다. 맑은 날 동해를 바라볼 수 있는데 오늘은 허탕이다. 바람 불고 안개 날리는 여기서 처음으로 반대쪽에서 올라온 사람을 만났다. 1,561미터 가리왕산(加里旺山, 휴양림6.7 · 장구목이4.2 · 숙암분교 중 · 하봉7.2킬로미터), 정선읍 북면과 평창군 진부면 경계지점으로 한강의 지류 동강에 흘러드는 오대천과 조양강(朝陽江) 발원지다. 옛날 춘천 맥국(貊國)의 갈왕(葛王)이 피난 와서 성을 쌓고 머물러 갈왕산으로 부르던 이름이다. 강릉 예국(穢國)의 왕이라는 이야기도 있다.

왔던 길로 내려서 산목련, 피나무 고목을 만나고 10시 30분 마항치 삼거리에서 모자를 찾는다.

"마항치 사거리까지 가자. 2.3킬론데."

"바로 내려가. 날씨도 안 좋아."

"……."

"이 멀리까지 왔는데 산삼금표 보러가자."

앞서 걸으니 체념한 듯 따라온다.

멧돼지가 어질러 놓은 신갈나무 숲, 오래된 피나무, 마가목을 지나 작은 능성이 넘어서니 내리막인데 길도 잘 나타나지 않고 이정표도 없다. 헬기장인 듯 온갖 풀들이 뒤덮었다. 자꾸 돌아가자고 해서 고집 피울 수 없는 노릇이라 이쯤에서 진행을 멈췄다. 30분 정도 왔다가 산삼금표도 못 찾고 아쉽게 되돌아간다.

"이럴 때 맥이 다 빠진다."

"……."

마가목, 신갈나무 고목을 두고 1시간 만에 마항치 삼거리로 되돌아 왔다.

"행방불명된 여자도 못 찾고, 산삼금표도 못 보고 왔던 길 내려가려니 발길이 무겁네."

"……."

정오 무렵 큰 바위 상천암(上千岩)을 내려서서 어은골 임도에 늘어져 쉰다. 자두 · 빵 한입에 배고픔을 달래니 비로소 매미소리도 들린다. 땅바닥엔 웬 개미들이 그렇게 많은지 가방에 깔려 다친 놈들 없는지 살펴본다. 나름대로 분주하게 기어 다니는 개미는 인간들보다 열심히 산다. 땅바닥에 누워보니 자연이 참 좋다.

"매일 이렇게 살면 얼마나 행복할까?"

"골탕 먹어서 제 명에 못살 거다."

"……."

오후 1시 넘어 숲을 내려가는 길. 구름 속에서 잠깐 해 나오니 매미소리, 물소리 더 요란하다. 누리장나무도 붉은 꽃봉오리 맺었고 말채 · 층층나무 사이 맞은편 산은 깎아 섰다. 30분 더 내려와서 바위로 쏟아지는 계곡물에 땀을 씻는다. 워낙 물이 차가워 시리지만 한참 있으니 덜하다.

바위 물이끼에 미끄러져 하마터면 머리를 다칠 뻔 했다. 골반 쪽이 오래도록 욱신거린다. 천일굴 다시 보고 아침에 올라갔던 나무다리 햇살이 살갑다. 오후 2시경 휴양림으로 내려왔다. 산삼금표 이정표가 왜 없냐고 물으니 안내지도에 연필로 표시를 해 준다. 가리왕산은 조선시대 산삼이 많이 나서 마항치에 강릉부삼산봉표(江陵府蔘山封標)빗돌을 세웠다. 산삼을 못 캐도록 한 일종의 금지구역 표석이다.

산삼금표로 불리는 산삼봉표

오후 3시, 경치가 빼어난 아우라지에는 햇볕이 따갑고 덥다. 물이 길게 흘러가는 강, 오전에 비가 내려선지 하늘은 높고 구름도 하얗다. 강가의 처녀 상을 두고 다리를 건너오는데 옥수수 파는 촌집 팻말이 하도 엉뚱해서 잠시 들렀다. "삶은 찰옥수수 팝니다. 뒤편 파란지붕 3개 2천원."

옥수수 파는 팻말

"……."

내놓고 파는 것이 아니라 오히려 사러 오라는 것이다. 장사도 이렇게 당당하게 할 수 있는가? 호기심에 들러봤다. 솥을 걸어놓고 나무를 때서 찌는데 덜 여물어선지 생각보다 맛이 못하다. 관광지라 빨리 팔려고 급히 딴 모양이다. 그렇게 자신 있게 팻말까지 세워놓고 나그네를 유혹하더니 책임도 못 지면서 처녀 가슴만 설레게 만들던, 딱 아우라지 총각 짝 났다.

아우라지는 두 갈래 물이 한데 모여 어우러지는 나루라는 뜻이다. 북쪽 구절천을 양수(陽水), 남동쪽 골지천을 음수(陰水)로 여기는데, 장마 때 양수가 많으면 홍수 나고 음수가 많으면 장마가 그친다고 전해온다. 물줄기는 영월을 지

아우라지

나 남한강 상류를 만들며 흘러간다. 물길 따라 목재운반과 행상을 위해 떠난 님을 애절하게 읊은 것이 정선아라리다. 뗏목 터로 뱃사공의 소리 끊이지 않아 아리랑 유래지로 알려져 있다.

"눈이 올라나 비가 올라나 억수장마 질라나 만수산 검은 구름이 막 모여든다." 정선은 조선개국을 반대한 고려 충신들이 위협을 느끼며 검은 구름을 피해 숨어든 산간오지였으니, 비통한 심정을 담아 부르던 가락은 민초들의 소리에 실려 애절함을 더해갔다. 정선아라리는 조선 초기에 전승되어 충절과 남녀의 사랑 · 그리움, 남편에 대한 원망, 시집살이 서러움, 고부 갈등 · 신세한탄 등 삶의 희로애락(喜怒哀樂)이 고스란히 담겼다.

아우라지 마주한 처녀총각이 사랑을 하게 되었다. 어느 날 동백 열매를 따러 가기로 하고 헤어졌는데, 야속한 빗줄기에 강물이 넘쳐흘러 나룻배를 띄울 수 없었다. 강가에서 이름만 애타게 부를 뿐. "아우라지 뱃사공아 배 좀 건네주게 싸리 골 올동백이 다 떨어진다 ~ 사시사철 님 그리워 나는 못 살겠네."

시집 간 색시가 있었다. 사랑도 모르는 어린 철부지 신랑 시중만 들다 지쳐 죽기로 했는데, 빙글빙글 도는 물레방아를 보고 마음을 바꿨다. "정선 읍내 물레방아는 물살을 안고 도는데, 우리 집에 서방님은 날 안고 돌 줄 왜 몰라."

정선아라리 노랫말은 자그마치 수백 곡이 넘는데 후렴은 "아리랑 아리랑 아라리요. 아리랑 고개 고개로 나를 넘겨주게."로 끝난다. 한국의 서정민요 아리랑은 2012년 유네스코 세계문화유산에 등재됐다. 정선 · 진도 · 밀양아리랑을 3대 전통민요 아리랑으로 친다.

아리랑은 박혁거세 부인 알령(閼英)과 밀양 아랑(阿娘)낭자, 경복궁 공사 때 원납전을 내라는데 반발해 내 귀가 멀었다는 아이롱(我耳聾), 나와 헤어진 낭군을 뜻하는 아리랑(我離郞), 고대 아리안 족에서 갈린 우리 민족이 동쪽으로 이동했는데 하느님의 아들, 신성하다는 뜻인 아리아에서 유래됐다는 등 여러 가지가 있으나 정립된 것이 없다.

정선읍내로 가는 길에 나전역에 들러 옛 정취를 느끼며 지난다. 어제는 시원하더니 무척 덥다. 거의 6~7도 높은 28도, 뙤약볕에 습도까지 높으니 푹푹 찐다. 저녁때 오래된 자전거가 있는 정선 쌀 상회, 여인숙 간판을 보며 아직도 남은 옛것의 소중함을 생각해 본다.

새벽 5시경 일어났다. 지난 밤보다 거리의 떠드는 소리 없어서 잘 잤다. 두위봉 주목나무 보러 6시 넘어 정선을 나서며 김밥 몇 줄 샀다. 거의 1시간 정도 산꼭대기 오르는 꼬불꼬불한 도로를 지나 단곡 등산로 입구에 차를 세운다. 큰 산 한 개 넘어 하늘 아래 첫 동네로 온 것이다. 임도입구에서 병에 물 채우고 판초비옷을 챙겨 입는다. 조금 전 맑던 하늘이 안개와 구름으로 뒤덮여 빗방울 떨어진다. 8시에 임도 따라 오르는데 계곡에는 요란한 물소리. 옛날 이 근처에 탄광이 있었는지 시커먼 빗물이 흘러내려온다. 사방댐 지역을 지나 낙엽송이

두위봉 철쭉 기념비

하늘 쳐다보며 쭉쭉 뻗었다. 소나무 벤 자리에 심었는지 40년 더 된 것 같다. 박달 · 생강 · 산목련, 산수국은 흰 꽃을 피웠다. 비는 점점 많이 내려 산뽕 · 거제수 · 까치박달 · 난티나무 잎을 때리는 소리 더 세게 들린다. 두위봉 정상까지 1.7킬로미터 팻말이 반갑다. 8시 30분에 비 쏟아지는 감로수 샘터, 물맛이 좋아 물병에 가득 채운다. 산목련 넓은 잎에 빗줄기 다닥다닥 더 요란하다. 겉에는 빗물, 안쪽에 땀이 젖어 비옷을 입었지만 안팎으로 다 젖었다. 비와 땀이 분간 안 된다. 당단풍 · 사위질빵 · 국수나무, 동자꽃 · 잔대 · 중나리, 분홍빛 이질풀 꽃을 보며 돌계단 오른다.

9시경 능선 산마루 갈림길에 닿는다. 왼쪽은 남면 방향 내려가는 길, 우리는 곧장 오른쪽으로 나아간다. 길가에 동자꽃, 이질풀 · 송이풀, 비비추 꽃망울은 비를 맞고 축축 늘어져 있다. 철쭉, 만병초를 만나고 9시 15분에 두위봉 철쭉 기념비(자뭇골4.5 · 자미원4.2 · 증산6.2 · 도사곡5.5 · 단곡4킬로미터)에 서니 안개와 빗줄기에 갈 길이 어느 쪽인지 알 수 없다. 우리나라 최대 철쭉 군락지라 해도 보이지 않아 이정표 따라 힘겹게 도사곡 향해 간다. 5분 후 두위봉 정상(1,465미터)인데 표지석 대신 널빤지 같은 돌들이 미끄럽다. 정선군 신동 · 사북

읍 · 남면, 영월군 중동면의 넓은 산세가 두루뭉술해서 두리봉, 두위봉(斗圍峯)으로 불린다. 남쪽 단곡계곡으로 흐르는 물이 석항천을 만든다. 동북쪽은 도사계곡, 억새풀 민둥산, 뒤편으로 가리왕산, 백두대간의 함백 · 태백산일 것이다.

사방으로 안개에 싸여 길을 모르고 금방 흙을 뒤져놓은 멧돼지 자국이 선명하다. 하도 미역줄나무가 우거져 단검으로 숲을 헤치면서 앞으로 간다. 마치 정글의 개척자처럼 혹시 멧돼지라도 나타나면 도망갈 것이다. 보통 큰 멧돼지는 수백 킬로그램이다. 깊은 산 숲이 우거진 곳을 좋아하고 초식이지만 뱀 · 들쥐 · 물고기 · 곤충도 먹는다. 청각과 후각이 발달해 인기척을 느끼면 1~2백 미터 앞에서 피한다. 그러나 먼저 집적대면 날카로운 송곳니로 가리지 않고 공격한다. 최근 개체수가 늘면서 영역싸움에 밀려난 놈들이 사람에게 덤벼들기도 한다.

아침으로 라면을 먹어선지 배가 고프다. 그냥 비를 맞은 채 서서 김밥 한 줄 정신없이 먹고 앞으로 가는데 사람 소리 들린다고 한다.

"빗줄기 쏟아지는 이 험한 산에 누가 오겠어?"

"……."

"환청이었나 봐."

가만 들으니 빗속에서 인기척이 나는 듯하다.

"……."

10시 30분, 남자 세 사람 만났다.

"이 외진 산중에……. 반갑습니다."

"대단하십니다."

"어디서 올라오셨어요?"

"……."

이들은 비 때문에 정상을 포기하고 도사곡으로 다시 내려가는 길이라고 한다.

천연기념물이 된 주목

붉은 수피

조금 더 걸어 아래쪽에 드디어 1,400살 주목 어르신을 만난다. 아니 산신령을 알현하는 것이다. 두위봉 정상에서 사북 도사곡으로 내려가는 능선 길 바로 아래 세 그루. 안개에 둘러싸여 신비감을 준다. 말 그대로 신령(神靈)이며 신목(神木). 나무 기둥은 어른 두엇이 팔 벌려 안을 만하고 높이는 20미터쯤 된다. 붉은 빛이 하도 선명해서 경건하게 기운을 느껴본다.

1,400년 전이면 서기 617년경 삼국시대에서 지금까지……. 살아 천 년 죽어 천 년이라더니 앞으로도 몇 천 년 더 살아 세상을 지켜볼 것이다. 한갓 100년도 못 사는 인생, 저 발 아래 떨어지는 빗물과 다를 게 뭔가? 제일 꼭대기 신목 아래서 안개 자욱한 계곡 내려 보니 인간세상이 아니라 선계(仙界)다. 비 내리는 풀밭 위로 분홍빛 노루오줌 꽃이 호위무사처럼 울뚝울뚝 솟아있다. 빗속에 엎드려

네 번 절한다. 한 번의 절은 살아있는 사람에게, 두 번은 죽은 이에게, 세 번은 종교적인 절대자, 네 번은 거룩한 신령에게 올리는 것이다. 가운데 1,400살, 아

래 위 1,200살로 우리나라에서 가장 오래되어 천연기념물이다.

일행이 된 이들과 서로에게 사진을 찍어주며 헤어졌다. 주목은 우리나라뿐 아니라 만주 · 러시아 · 일본 등에 자라는 상록수다. 소백 · 태백 · 오대 · 설악산 등 고산지대에 잘 자란다. 붉은 빛을 띠므로 주목(朱木)인데 가을에 달리는 붉은 열매는 약으로 썼고 목재는 장기판 · 공예품 등을 만들었다.

10시 45분께 비를 맞으며 왔던 미역줄나무 밀림을 헤치며 오른다. 접골목인 딱총나무 잎은 확실히 큰데 빨간 열매는 빗물에 붉은 빛이 뚝뚝 듣는다. 동자 꽃도 더 붉게 폈다. 배낭을 짊어진 채 허리 굽혀 고개를 숙이며 걷는 이런 자세는 산행을 더디게 만들고 빨리 지치게 한다. 어차피 고난의 행군, 걸음을 빠르게 디뎌도 친구는 잘 따라온다. 정오 무렵 사방이 더 캄캄한데 어느덧 정상이다. 여기부터는 안개를 헤치며 내려가는 길.

미역줄나무에 길이 묻혔다

"휴우~ "

"……."

어려운 구간을 거의 지나온 것 같다. 30분쯤 돌길을 내려서서 샘터에서 물 마시며 한숨 돌린다. 비는 멎을 줄 모르고 하염없이 내린다. 등과 배낭 사이 비닐을 댔으니 망정이지 아니면 배낭 속까지 모조리 젖었을 것이다. 드디어 낙엽송 군락지 산길이다. 안개 걷힌 길도 한결 넓고 걷기 쉽다. 12시 45분, 아래쪽 잘 보이는 길가에 주저앉아 한 잔. 비옷을 입었지만 다 젖었고, 내리는 빗줄기

탄광마을 내려가는 길

노박 맞으면서 기울이는 이런 경험을 언제 또 할 것인가? 오후 1시경 되돌아오니 빗줄기가 약해져 있었다. 콸콸 쏟아지는 물을 뒤집어쓴 뒤 옷을 갈아입었다. 날아갈 기분으로 운전대 잡으니 차 유리는 온통 부옇다.

10여 분 달려 오후 1시 45분 안경다리 탄광마을, 아침에 두리봉 들어가는 입구를 찾지 못해 헤맸는데 여기가 진입로인 셈이다. 해방 후 북한의 지하자원을 쓸 수 없게 되자 정선일대는 신동에 함백광업소가 들어서면서 탄광개발이 이뤄졌다. 50년대 후반 영월 · 정선 철도, 70년대 초 태백선이 개통되면서 사북 · 고한이 대표적 석탄 생산지가 되기도 했다. 이처럼 철도개통으로 건설된 다리 모양이 동그랗게 생겨 안경다리인데 사북에도 있다. 사북항쟁 때 광부들이 투석전 벌인 곳이다. 민주화투쟁 시대인 1980년 4월 몽둥이 · 곡괭이를 든 동원탄좌 노동자 수천 명이 노동착취에 충돌하여 파출소를 습격, 1명이 죽고 수십명 다쳤다. 80년대 노사분규를 촉발시킨 계기가 됐다.

차창으로 보이는 빛바랜 건물들, 70년대 미장원 간판 앞에 내려 한참 동안

길가의 오래된 간판

사진을 찍는다. 지금도 연탄난로에 고대기 올려놓고 머리 매만지던 언니들이 "어서 오세요." 하고 나올 듯하다. 회색빛 함백, 석항을 지나서 달리니 언제 안개 끼고 비가 왔느냐는 듯 햇살이 쨍쨍하다.

탐방길

• 가리왕산(정상까지 6.7킬로미터, 3시간 10분 정도)

자연휴양림 → (1시간 20분)어은골 임도 → (10분)상천암(바위) → (40분)묘지 → (30분)마항치 삼거리 → (20분)헬기장 → (10분)정상 → (20분)마항치 삼거리 → (30분)마항치 사거리[*중도포기] → (30분)마항치 삼거리 → (50분)어은골 임도 → (1시간 40분)자연휴양림

• 두위봉(정상까지 3.5킬로미터, 1시간 20분 정도)

단곡등산로 입구 → (30분)샘터 → (30분)능선 갈림길 → (15분)철쭉기념비 → (5분)정상 → (1시간 20분)천연기념물 주목 → (1시간 20분)두위봉 → (30분)샘터 → (30분)단곡등산로 입구

*두 사람이 빠르게 걸은 시간(기상·인원수·현지여건 등에 따라 다름).

유격전의 터 감악산

글로스터 영웅 · 느릅나무 · 시무나무 · 임꺽정

감악산비석 · 설인귀 · 안수정등

어느 해 찾아간 파주 적성(積城)은 썰렁한 겨울 분위기가 역력했다. 남북대치 상황이어선지 왠지 모르게 접경지역이라는 선입견이 남아있다. 임진강을 끼고 있어 국경의 요충지로 삼국시대에 많은 성(城)이 있었다. 나당연합 · 고구려군이 격전을 벌였고 파주 · 장단 · 연천 등을 연결하는 교통요지였다.

읍내에 잠시 들렀다가 어느덧 감악산 영국군 전적비 지나 새로 생긴 설마교 아래 충혼탑 주차장. 10시 40분 등산로 입구에는 인산인해다. 지난해 생긴 출렁다리를 보러 온 관광객들이다. 900여 명이 동시에 건널 수 있다는데 빽빽하게 줄을 서서 걸어가니 이리저리 흔들려 불안하다. 아래를 굽어보면 50미터 이상 되겠다.

적성면 설마리 감악산 운계폭포계곡 양쪽을 연결하는 출렁다리는 28억 원을 들여 2016년 9월 개통한 150미터 길이다. 글로스터 영웅의 다리(The Gloucester Heroes Bridge)로 이름 붙여 역사성을 더해준 데 찬사를 보낸다. 6·25 전쟁 때 16개국에서 195만 2천 명이 참전했다. 영국은 미국 다음으로 6만 3천 명을 보냈다. 1951년 4월 글로스터대대 652명은 감악산 자락 설마리에서 중

파주 적성

출렁다리 입구 주차장

공군 4만 2천명을 맞아 사흘 밤낮 동안 처절한 총격전을 벌인다. 유엔군은 서울 사수에 시간을 벌 수 있었지만 용사들은 대부분 죽거나 포로가 되었다. 당시 부대가 있던 글로스터 시(市)에서는 남자가 없어 17세까지 낮춰 모집했다. 꽃다운 10대 영국 청년들이 여기까지 와서 목숨을 바쳤으니 가슴이 찡하다. 감악산 설마리 전투는 영국의 해외 참전 역사에서 위대한 전투로 기록됐다. 아침에 적성에서 나오며 보았던 길옆의 대형 베레모 형상이 영국군 설마리 전적비다. 엘리자베스 여왕, 찰스황태자 · 다이애나도 이곳에 참배를 했다.

팔각정 전망대에서 내려 보면 출렁다리와 계곡 굽어 도는 감악산 도로를 한눈에 볼 수 있지만 바로 올라가기로 했다. 11시경 운계폭포를 지나고 범륜사 길옆으로 온갖 색깔로 핀 코스모스, 하늘은 흐렸다 맑았다 금새 얼굴을 바꾼다. 가뭄이 심해선지 딛는 걸음마다 먼지가 풀썩거리고 이파리들은 흙을 뒤집어썼다. 복자기 · 당단풍 · 노린재 · 생강 · 작살 · 신갈나무 숲이다. 새로심은 잣나무 숲길은 좋은데 개울에 물소리 들리지 않으니 뭔가 허전하다. 11시 15분 숯가마터(범륜사0.6 · 묵은밭0.2킬로미터), 가마터라는 이름 때문인지 무척 덥다. 10월 초순이지만 추울 것이라 생각해서 겨울옷을 입고 왔더니 땀이 비 오듯 한다. 5분 더 올라가 돌이 있는 너덜지대 느릅나무를 만난다.

출렁다리

느릅나무는 참느릅에 비해 잎이 무척 크다. 느티 · 팽 · 시무 · 참느릅 · 비술 · 난티 · 왕느릅 · 풍게 · 푸조 · 폭나무 등이 같은 식구들이다. 느릅나무가 잘 사는 곳은 계곡부근 서쪽이다. 묘좌유향(卯坐酉向), 경유신방(庚酉申方), 금음(金陰)의 기운이 있는 곳이다. 느릅나무는 붉은색 가을과 신뢰 · 풍요의 상징이다. 그러기에 옛 어른들은 서쪽(兌方)에 느릅나무를 심어 백호(白虎)를 대신하게 했다. 참느릅나무와 시무나무 잎은 거의 닮았고 시무나무는 가시가 있어서 자유(刺楡), 가시 있는 느릅나무다. 이른 봄에 줄기 · 뿌리껍질을 벗기면 붉은 갈색을 띤다. 그늘에 말려 위장병을 치료하는 데 썼다. 20미터까지 자라고 껍질은 회색, 길쭉한 잎 가장자리에 톱니가 있다. 한방에서 뿌리껍질을 유근피(楡根皮), 유피라 하는 질긴 껍질을 꼬아 밧줄, 옷 만드는 데 썼고 옥수수가루와 섞어 떡, 국수를, 잎은 쪄서 무쳐먹었다. 오래 먹어도 부작용이 없고 어린 순으로 국을 끓여 먹으면 불면증이 없어진다고 했다. 부스럼, 종기에 송진 · 느릅나무 뿌리껍질을 찧어 붙였다. 궤양 · 암 · 축농증 · 소화불량 · 늑막염 · 디스토마 · 변비 · 이뇨 · 피부병 · 기침 등 온갖 질병에 효험이 있다고 전한다. 햇볕을 쪼이면 약효가 떨어지므로 해뜨기 전에 채취해서 그늘에 말리고, 뿌리껍

감악산 오르는 길

질을 물에 담그면 끈적한 진액이 나오는데 얼굴과 피부에 바르면 살결이 고와진다고 한다. 목재는 수백 년 지나도 잘 썩지 않아 다리나 배를 만들었다. 이십을 뜻하는 스무나무가 시무나무다. 오리나무는 오리(五里, 2킬로미터), 시무나무(二十里, 8킬로미터)는 이십 리마다 심어 거리를 가늠했다.

묵은밭 갈림길에서 왼쪽으로 까치봉(1.3킬로미터)을 두고 곧바로 감악산비 표지판을 따라 50미터쯤 지나 오른쪽 임꺽정봉을 향해 걷는다. 관광버스 일행들에게 밀려 겨우 앞으로 지나간다. 소나무는 바위와 어우러져 풍광이 예사롭지 않다. 이 산은 유격 훈련하듯 올라야 젊은이들에게 덜 미안할 것 같다. 불과 10킬로미터 정도 거리인 휴전선을 지키는 용사들은 밤낮없이 철통같은 방어태세를 구축하고 있어서 자유와 평화가 보장되는 것 아닌가? 한때 저 발아래 임진강 북단 최전선을 누비고 다녔을 아이들 생각하니 가슴이 먹먹해진다. 신갈 · 소나무 숲 그늘을 지나 멀리 굽어보니 경기도 산하들이 한눈에 들어온다. 진달래 · 당단풍 · 신갈 · 팥배나무 붉게 물든 잎들이 둥근 바위들과 어우러져

아득한 산하

숲과 어우러진 바위산

단풍의 시작을 알린다. 구름이 아득하니 여기서부터 단풍은 노을처럼 물들 것이다.

11시 45분쯤 장군봉 근처 바위에 앉아 숨을 고르는데 멀리 출렁다리, 바위, 소나무, 구름, 검은색 강물이 뱀처럼 구부러졌고 절집도 빼꼼히 보인다. 아침에 김밥 샀던 적성면은 여전히 흐릿하다. 발밑에서 시작된 이 단풍은 지금부터 남쪽으로 계속 내려갈 것이다. 바로 밑에 갈림길(청산계곡길1.4 · 범륜사1.5 · 정상0.6킬로미터)이다. 정오(正午), 임꺽정봉 아래 바위가 꼭 맹수처럼 생겼다. 바위 사이로 철쭉 · 진달래 · 당단풍 · 신갈나무도 빨갛게 물들었다. 눈앞에 원당저수지, 들판이 평화로운데 구름은 검은빛이다. 잠시 후 삼거리 지나고 장군봉에 서있다.

"산악대장 뭐하는 겨?"

"……"

산악회 사람들은 길을 잘못 찾아선지 자기네들끼리 투덜거린다.

그럴 수밖에……. 이정표가 왜 이렇게 많은지 헷갈리게 돼 있다. 표지판이 어지럽다. 좀 더 단순하고 명쾌하게 하면 어떨까? 숨이 차서 헉헉거리는데 거리표시도 소수점 두 자리다. 12시 30분, 676미터 임꺽정봉 주변의 복자기 ·

짐승이 바위에 앉아 멀리 보는 듯하다

당단풍나무는 더욱 붉다. 아니 불타는 것이다. 한(恨)을 품은 듯 멀리 임진강도 비틀거리면서 흐른다. 산 아래 출렁다리. 파란 하늘에 뭉게구름 있고, 바람도 상쾌하다. 임꺽정봉의 깎아지른 절벽과 양주 시가지가 멀었다 가까워진다.

임꺽정이 관군의 추격을 피해 숨었다는 장군봉 아래 임꺽정 굴, 그는 홍길동·장길산과 조선의 3대 의적으로 불린다. 임꺽정(林巨正, 林巨叱正 1504~1562)은 명종 때 경기도 양주 백정 출신으로 황해·경기 일대 관아를 습격, 창고를 털어 가난한 이들에게 곡식을 나눠 주었다. 관군의 동향을 백성들이 미리 알려주어 근거지를 확보할 수 있었으나 1562년 1월 대대적인 토벌 작전으로 구월산에서 항전하다 끝내 서울로 압송·사형 당했다. 민담으로 전래되면서

임꺽정 봉

근대에는 소설과 영화 등으로 다시 살아났다.

12시 40분 감악산 정상 675미터. 사람들 많이도 올라왔다. 비석이 이정표 뒤에 섰고 그 너머 통신 중계탑, 빗돌의 글씨는 알 수 없다. 하얀색 가는쑥꽃이 널브러졌다. 저 무거운 걸 어떻게 메고 올라왔는지 막걸리 · 아이스케키를 외친다. 정상의 비석은 글자가 없는 몰자비(沒字碑)인데, 사람들은 비뚤대왕비 · 빗돌대왕비로 부른다. 진흥왕순수비, 또는 설인귀와 관련된 것으로 보기도 한다. 감악산은 바위사이로 검푸른 빛이 비친다 해서 감악(紺岳), 먹빛 · 감색 바위산이라 불렀다. 화악 · 송악 · 관악 · 운악산과 경기오악(京畿五岳)으로 알려졌다.

감악산 정상, 뒤에 몰자비

설인귀(薛仁貴) 출생과 성장에 대해 많은 의문과 중국보다 적성 일대에 전설이 많은 까닭은 무엇 때문일까? 설인귀는 감악산에서 무술을 익혔으며, 당나라로 가서 고구려를 쳤고, 후에 이를 자책해 죽은 뒤 감악산 산신이 되어 나라를 지킨다고 한다. 말을 타고 달렸대서 설마치(薛馬馳), 눈 쌓인 감악산으로 말을 달려 무예를 익혔다 해서 설마리(雪馬里)라 불렀다. 신증동국여지승람에 "감악산사는 민간에 전하기를 신라가 당나라의 설인귀를 산신으로 삼고 있다(紺岳祠

諺傳 新羅以唐薛仁貴爲山神)"고 하였다. 설인귀(薛仁貴)는 농민 출신으로 당나라 장군이 되어 고구려를 멸망시키고 안동도호부(安東都護府)의 도호(都護)가 되어 침략전쟁을 수행하였다. 어쨌든 감악산 일대는 멀게는 당나라가 쳐들어왔고 6·25전쟁 때는 중공군이 쳐들어왔던 곳이다.

오후 1시경 팔각정(오른쪽 객현리2.4 · 까치봉0.3킬로미터, 정상150미터)에서 바라보는 경치는 흐리다. 아스라이 보이는 개성의 송악, 청명한 날이면 임진강 너머 선명하게 보일 것이지만 산길마다 군사시설만 눈에 들어온다. 강물이 굽어지는 지점이 임진각이라고 가리키면서 후식으로 사과 한 입 베어 문다. 내려가는 바위길 가을바람이 살랑살랑 싸리나무 잎들을 한순간에 떨어뜨린다. 1시 40분 까치봉, 바위 아래 쪽동백 · 때죽 · 신갈 · 쇠물푸레 · 소나무, 바위 옆에 철쭉은 먼지만 보얗게 덮어썼다. 2시쯤 삼거리(범륜사1.2 · 까치봉0.6 · 선고개1.2

멀리 구름너머 임진강

킬로미터)에서 범륜사로 내려간다. 잠시 후 묵은밭 지나 숯가마터, 노랫가락 얼마나 구성지게 들리는지.

> "정든 사람 우는 마음 모르시나 모르시나요. 무정한 당신이~ 너무나도 사랑했기에~"

80년대 해금(解禁)된 가요인데 기타나 대금 연주하기 좋은 곡조다. 그래서 노래는 추억이다.

오후 2시 10분 범륜사에 닿는다. 예전에는 감악 · 운계 · 범륜 · 운림사 등 여러 사찰이 있었는데 범륜사만 남아 있다고 전한다. 목탁소리, 바람소리, 발자국소리, 친구는 대웅전에 일배(一拜)를 하고, 햇살이 쨍쨍한데 나는 겨울옷을 입었으니 땀이 뻘뻘 난다. 절집 마당엔 보리수라 부르는 피나무, 건너편 돌 벽이 멋스럽다. 주엽나무 팻말을 붙였는데 아무리 봐도 회화나무 같다. 백옥으로

만들었다는 관음보살은 얼굴이 정말 크다.

4시 반 경 운계폭포로 걸어가는데 바위 옆으로 기계 소리 윙윙거린다. 물을 퍼 올려 다시 흘려보내고 있으니 양수폭포인 셈이다. 떨어지는 물살을 자연폭포로 알고 하류에서 온갖 포즈로 사진 찍는 사람들, 위에서 내려다보니 인간세상을 알 듯하다. 마음에서 비롯된 탐욕의 삶은 얼마나 위태로우며 쾌락은 또 얼마나 부질없는가?

운계폭포

들판을 가던 사람이 불길에 휩싸여 어쩔 줄 모르는데 갑자기 코끼리가 달려든다. 죽을힘을 다해 도망치다 등나무 넝쿨이 드리워진 우물 안으로 내려가는데 구렁이가 입을 벌리고 있다. 위에는 독사가 날름거리며 내려 본다. 힘은 점점 빠지고 쥐가 넝쿨을 갉아먹는 절체절명의 순간, 이때 벌집에서 꿀 한 방울 흘러내려 꿀맛에 정신이 팔려 있는 것이다. 절벽의 나무와 우물의 등나무 넝쿨, 안수정등(岸樹井藤)[1]이다. 덧없는 한갓 인간세계임에랴?

1) 당나라 현장법사(~664년) 전기(傳記)

"덜 갖고 더 많이 존재하라."

"가질 게 없다."

"……."

줄을 서서 출렁다리 건너고 신발을 끄는 사람들마다 먼지가 보얗다. 아침보다 주차장엔 사람들이 더 많다. 오후 3시경 땀에 젖은 옷을 갈아입고 설마리, 양주시내, 의정부를 거쳐 달린다.

탐방길

● 정상까지 4킬로미터, 2시간 정도

설마리 주차장 → (20분)운계폭포·범륜사 → (15분)숯가마터 → (45분)임꺽정봉 → (40분)정상 → (20분)팔각정 → (20분)까치봉 → (20분)삼거리 → (10분)범륜사·운계폭포 → (35분)주차장

* 기상·인원수·현지여건 등에 따라 시간이 다름.

해태를 만든 관악산

오악(五岳) · 팥배나무 · 광화문 · 해태 · 흙산과 바위산
지자기(地磁氣) · 낙성대와 강감찬 귀주대첩

관악산(冠岳山)은 솟아난 봉우리와 바위들이 많고 철따라 변하는 산세가 금강산을 닮아 소금강, 갓뫼, 왕관바위로 불렸다. 서울 시내에서 해질녘 바라보면 바위산이 불타는 듯 보이는데 불기운(火氣) 가득한 산으로 이름났다.

아침 7시 30분 일어나 장안동 콩나물해장국집에 들렀는데 이른 시간에도 손님이 많다. 8시경 간선도로를 달려 관악산을 향해 차를 몰고 간다. 어젯밤 모기와 전쟁을 치렀더니 아직도 가렵다. 독한 서울모기 수십 마리에게 완전히 당했다. 천국과 지옥이 공존하는 서울. 음과 양, 부자와 가난한 자, 하늘과 땅으로 극명하게 대비되는 도시. 서서 잠든 채, 밥을 얻기 위해 흔들리며 매일 땅 밑으로 들어가는 새벽 눈들, 덜컹덜컹 강을 가르며 지하철이 지나간다. 밤엔 별이 빠져 허우적거리고 수많은 눈들이 반짝이는 한강. 눈물 없이 쓰라림 없이 이곳에서 빛날 수 있을까?

"강은 빛을 나눠주기 위해 저렇게 반짝이는 것이다."

"……."

어느덧 간선도로를 지나왔다.

관악산 오르는 숲길

일요일 아침이라 차가 밀리지 않아 8시 45분 서울대 입구 관악산 · 삼성산 주차장이다. 건널목부터 사람들과 차가 뒤엉켜 무척 복잡하다. 도로 옆에도 차를 많이 세워놓았지만 정직하게 주차장으로 들어갔다. 아침 9시 굴참 · 아카시아 · 단풍 · 소나무 곧게 선 긴 숲 터널을 걷는다. 길옆으로 계곡 물줄기가 길었을 것인데 하류가 도시화로 사라졌으니 이름만 계곡이다. 9시 10분 호수공원 갈림길에서 연주대 · 삼성산 방향이다. 좀 더 오르니 아카시아 계곡 옆으로 상수리나무 숲이 길게 뻗었고, 팥배 · 때죽 · 당단풍나무를 만난 것은 9시 25분. 연주대 · 무너미 고개 갈림길 쉼터에서다.

9시 30분, 서울대 캠퍼스 뒷길 지나는 곳에 오리 · 소나무 · 아카시아 냄새를 맡으면서 걷는데 시내버스가 와 섰다. 10분 더 오르니 그야말로 바위산의 위용이 서서히 드러나고 척박한 곳에 잘 자라는 철쭉 · 작살 · 노간주 · 신갈 ·

진달래다. 물을 마시면서 멀리 삼성산과 부옇게 흐린 시내를 내려다본다. 관악산은 개성의 송악 · 파주 감악 · 포천 운악 · 가평의 화악산과 더불어 경기 오악(五岳)이라 불렸다. 예로부터 산은 신령이 거주하는 곳이라 믿어 제사를 지내면서 삼악, 오악으로 일컬었는데 음양오행의 양의 기운과 연관이 있는 듯하다. 중국 한나라 무제 때 태산에 올라 제를 올리면서부터 당나라는 산을 왕으로, 송나라는 제(帝), 명나라는 신(神)으로 모셨다는 것이다. 금강산(동악), 묘향산(서악), 지리산(남악), 백두산(북악), 삼각산(중악)이 오악이며, 토함산(동악), 계룡산(서악), 지리산(남악), 태백산(북악), 팔공산(중악)은 신라 오악이다.

9시 50분 광배(光背)를 닮은 바위에서 사진을 찍는다. 앞에서면 마치 마애불상인 듯 착각할 정도다. 물마시며 숨을 고른다. 산초 · 노간주 · 소나무들이 바위 곁에 자라는데 꼭대기엔 영락없이 토끼형상 바위다.

토끼바위

셔터 눌러주는 이는 몇 번씩 웃으라고 주문한다. 서울사람답다.

"기임~치."

"……."

인색하지만 웃어준다.

많이 웃는 사람은 긍정적이며 친밀감도 높다는 것이 상식이지만 쉽지 않다. 뇌 활동이 활발해서 엔도르핀, 도파민 생성으로 기분이 좋아져 혈압이 떨어지고 우리 몸의 650여 개 근육 가운데 반수 가량이 움식여 달리기와 비슷한 열량이 소모된다는 것. 억지로 웃어도 같은 효과가 있는데, 억지로 웃으려니 저절로 웃음이 나온다.

팥배나무 너머 서울시가지

10시 5분 제3왕관바위 팻말에서 벌써 손수건이 땀에 다 젖었다. 연주대 800미터(40분) 아랫길로 자운암 900미터(35분), 빨간 열매가 바위와 어울려 더욱 선명하다.

"먹어봐. 아무 소리 하지 말고."

팥배나무 붉은 열매는 새콤하다.

10시 15분 국기봉을 오르내리는데 서울을 향해 깃발은 휘날리지만 따라오던 친구는 동작그만이다. 추락사고 위험이 있는 국기봉은 올라갈 곳이 아닌데 힘자랑 하듯 기어서 오르고 기어서 바위를 내려왔다. 바위틈으로 양지꽃, 며느리밥풀꽃이 끈질긴 생명력을 보여준다. 서울대캠퍼스, 남산, 한강, 63빌딩이 발아래 있다.

"……."

"이상한 것 먹으라고 해서 입이 까끌하다."

광화문 해태상. 멀리 관악산을 노려보고 있다

"약이라 생각해."

"……."

못 박은 듯 종결 어미도 기운 넘친다.

팥배나무는 열매가 팥, 꽃이 배나무를 닮아서 붙여진 이름인데 생태계 교란·척박지 등에 가장 먼저 나타나는 것으로 깃대종·지표종으로 알려져 있다. 붉은 색 열매는 태양이나 불꽃을 상징하므로 화기 가득한 이곳의 대표 수종이래도 이견은 없을 것이다. 팥배나무 대목에 배나무를 접붙여 묘목을 만들며, 붉은 열매는 빈혈과 허약 체질에 좋고 결이 곱고 잘 갈라지지 않아 마루판, 문짝 만드는 데 썼다.

조선이 개국되면서 관악산을 화산(火山)이라 불렀는데, 도성에서 남쪽을 바라보면 불기운이 강해 위해(危害)를 경계하였다. 일찍이 무학대사는 관악산 화기를 염려해 경복궁(景福宮)의 방위에 문제를 나타냈지만, 정도전은 관악산과 정면으로 맞선다. 불기운을 제압하기 위해 경복궁 관문인 광화문에 물의 상징, 바다 속 상상의 동물 해태(獬豸 해치, 악한 것을 보면 뿔로 응징하는 정의의 표상)를 관악산으로 노려보게 만들었다. 남대문을 정남쪽에 세워 이름도 숭례문(崇禮門)이라 했는데, 훨훨 타오르라고 현판을 세로로 달았다. 예를 높이는 문이지만, 숭(崇)은 불꽃이 타는 상형문자. 예(禮)는 오행(五行)으로 화(火), 화를 오방(五方 동 · 서 · 남 · 북 · 중앙)으로 보면 남(南), 따라서 남쪽으로 불을 지르니 맞불을 놓은 것이다. 또한 남대문 앞에 연못을 만들거나 관악산 일대에 물동이를 묻는 등 압승(壓勝 지나친 것을 누름)과 비보(裨補 부족한 곳은 보탬)로 화기를 면하려던 것이 조선 600여 년 동안 권력다툼의 살생이 자행되고 비참하게 무너졌으니, 무학대사의 혜안은 신승의 경지였던가? 세종로 정부청사 갈 때마다 몇 번씩 해태를 찍었다. 광화문에서 보면 해태는 멀리 관악산을 확실히 노려보고 있다.

10시 40분쯤 통신시설 축구공 레이더 돔에서 바라보는 연주대 암자는 촛대 같은 아슬아슬한 바위에 돌을 쌓아 맞배집으로 지었는데 오른쪽 절벽에 얹혀 있다. 마지막 철 계단을 타고 관악산 정상(629미터)이다. 자연석 돌에 새긴 표지석이 멋스럽다.

효령 · 양녕대군이 북쪽의 궁궐을 바라보며 주군(主君)이 되지 못해 한양을 바라보며 한탄했던 곳이며, 고려 충신들이 이곳에 숨어살면서 고려왕조를 그리다 의상대사의 의상대가 연주대(戀主臺)로 바뀌었다고 한다. 태종이 셋째인 충녕대군(세종)에게 왕위를 물려주자 두 대군이 한동안 은신하다 양녕은 풍류를 즐기며 살았고 효령은 승려가 되었다. 능선을 경계로 경기도 안양 · 과천과 서울시 관악구로 나뉜다.

관악산은 한강 남쪽, 서울 경계에 솟은 바위산으로 청계 · 백운 · 광교산의 한남정맥(漢南正脈)이 이어진다. 갓을 쓰고 있는 모습을 닮아 관악산인데 능선마다 바위가 많고 큰 바위가 봉우리로 연결되어 북한 · 남한 · 계양산과 더불어 분지를 둘러싼 천혜의 자연요새를 만들었다. 삼국시대에는 고구려 · 백제 · 신라가 각축전을 벌일 때 중요한 군사적 요충지였다. 북서쪽 자운암을 지나 서울대, 동쪽으로 연주암과 과천향교, 남쪽으로 안양유원지가 자리한다. 연주대 정상에서 조선시대에 기우제를 지내기도 했다. 서쪽으로 삼성산(481미터)이 이어지고 삼성(三聖)인 원효, 의상, 윤필이 각각 일막 · 이막 · 삼막의 암자를 지어 수도를 했는데, 임진왜란 때 불타고 지금은 삼막만 남아 삼막사(三幕寺)이다.

일반적으로 흙으로 덮인 흙산(肉山)은 지리산, 덕유산이 대표이고, 관악산처럼 악(岳)자가 붙은 것은 대개 험준한 바위산이다. 설악 · 관악 · 치악 · 월악 · 감악 · 송악 · 모악 · 화악 · 운악산 등인데 설악 · 관악 · 월악산을 전형적인 바위산(骨山)으로 친다. 화강암의 바위산은 바위기운이 흘러나와 기가 강한 산이다. 지하 수천 킬로미터에 있는 지구 핵(mantle)의 운동으로 만들어지는 전기

레이더에서 바라본 정상. 절벽 위에 연주암

지자기(地磁氣)가 광물질을 지닌 바위를 통해 끊임없이 분출된다. 바위산에 오래 앉아 있으면 기(氣)를 받을 수 있다. 혈액에 녹아있는 철분을 타고 몸속으로 유입되는데 뇌세포를 자극하면서 기운이 감응한다는 것이다.

관악산 일대는 화강암의 풍화로 이루어진 선돌(Tor, 立石)형태의 물고기, 동물 등 다양한 형상으로 장군 · 하마 · 마당 · 토끼 · 거북바위 등 기암괴석이 많다. 나의 소견으로는 물이 없는 바위산은 양(陽)이 상승하고 그렇지 않은 곳은 음(陰)이 강해서 치유(治癒)는 양, 치성(致誠)은 음이 유리하다고 여긴다. 관악산을 굳이 음양으로 구분하자면 아침 해를 듬뿍 받는 위치에 있고, 거칠고 씩씩해서 양의 기운이 센 것으로 본다. 서울지역에는 관악 · 북한 · 도봉 · 수락 · 인왕산 등 바위산(骨山)이 많아 사람들의 성품이 옳고 그름(曲直)을 잘 따지는 편이고, 산세가 웅장한 강원 · 경상도는 충직하며 전라도 산은 가지런해서 재인(才人)이 많고, 충청도 산세는 순해서 인정이 많다고 생각한다.

관악산 등산로는 주로 신림동 서울대 입구에서 정상까지 약 4킬로미터 구간을 많이 이용한다. 맑은 계곡물과 호수공원을 따라 오르는 길은 걷는 재미가 남다르고 과천 중앙동으로 오르는 3킬로미터 구간, 풍광이 좋지만 5킬로미터 거리로 다소 먼 안양 동안구 쪽에서도 정상에 오를 수 있다. 햇살이 따가운 바위산 곳곳마다 흙이 씻겨 내려가 척박한데 소나무 · 진달래 · 철쭉 종류와 팥배나무 등 거친 환경에 잘 견디는 나무들이 자라고 바위틈에서 회양목이 관찰되기도 한다. 산 아래로 내려갈수록 신갈 · 상수리 · 물푸레나무, 생강 · 국수 · 병꽃나무 등이 대표식물(優占種)이다.

바위와 어울려 사는 노란 감국, 팥배나무를 바라보다 11시경 낙성대로 가는 봉우리에서 잠시 쉰다. 쇠물푸레 · 싸리 · 노린재 · 작살나무를 수첩에 기록하는데 땀이 뚝뚝 떨어져 볼펜이 잘 구르지 않는다. 20분 더 걸었다. 지도바위(아래 관악문)너머 케이블카는 서쪽에 있고, 정상의 바위들이 우뚝 솟아 잘 보이는 곳이다. 11시 25분 갈림길(사당4.5 · 관악사지0.8킬로미터)에서부터 장날처럼 붐빈다. 도시 근교 산이라 오가는 사람들끼리 어깨를 부딪치기 일쑤인데 빨갛게 단장하고 올라온 여성들이 대다수, 오리 · 신갈 · 소나무들이 단연 푸르지만 온산에 팥배나무도 붉은색 립스틱이다.

눈앞에 있는 헬기장에서 산위를 쳐다보니 역광을 받은 억새가 일품이다. 하늘거리는 깃에 달린 햇살이 붉은 듯, 흰 듯 반짝이는데 관악산과 억새가 만들어준 실루엣, 자연의 신비로움을 다시 느끼면서 내려간다. 시끄러운 헬리콥터 소리에 눌려 11시 55분 하마바위 지난 갈림길(낙성대3 · 사당역 · 2.7 · 연주대2.3킬로미터)이다. 사당역 방향에서 사람들이 많이 올라오는 상봉약수터 쉼터까지 불과 5분 거리인데도 졸졸졸 감질 나는 물줄기처럼 지루한 내리막길이다. 정오 무렵 고구마 한 개 들고 바위에 앉아 먼 산을 바라본다. 콜럼버스가 유럽으로 가져오기 전 중앙아메리카 대륙에서 허기를 면했듯 나도 배고픔을 달래면

낙성대 강감찬 장군 기마상. 멀리 관악산 정상이 흐릿하게 보인다

서 처사(處士)가 되어 보지만 금강산 식후경의 유혹임에랴……. 팥배 · 오리 · 신갈 · 리기다소나무를 두고 12시 25분 서울대 갈림길, 곧 왼쪽 낙성대 방향으로 10분 거리에 서울시과학전시관, 서울대 후문 쪽이다.

12시 45분 낙성대에 도착한다. 사당(祠堂)은 공사 중인데 날렵한 장군의 동상은 관악산을 등지고 말을 타고 달려가는 용맹의 상징이다. 멀리 관악산 정상이 흐릿하게 다가온다. 낙성대(落星垈)는 관악구 봉천동 강감찬(姜邯贊 984~1031)장군의 사적지로 태어날 때 별이 떨어졌다고 해서 붙여진 이름이다. 애국충정을 기리고자 사당 안국사를 짓고(1974년) 사적공원으로 만들었다. 인근 집터에 고려시대의 삼층석탑이 있었는데 이곳으로 옮겨 왔다. 소년 강감찬이 산을 오르다 칡덩굴에 걸려 넘어지자 모두 뽑아 관악산에는 칡이 없고, 발자국처럼 깊이 팬 곳이 많은 것은 무예가 뛰어나 바위를 박차면서 생긴 흔적이라고 한다.

고려는 발해를 멸망시킨 거란에 북진정책을 폈다. 이로 인해 소손녕이 침입하자 서희의 담판으로 압록강 동쪽을 회복하였고, 강동6주[1]를 차지할 목적으로 두 번째 침략했으나 실패, 1018년 소배압이 10만 대군을 이끌고 세 번째 쳐들어왔다. 강감찬은 정예군 1만 명으로 의주(홍화진)에서 쇠가죽으로 만든 둑을 터뜨려 몰살시켰고, 청천강(귀주)에서 도망갈 곳 없는 적을 계곡으로 유인한다. 불어오는 바람에 화살을 퍼부어 10만 대군 중 살아간 사람은 수천 명에 불과하였다. 보통 두 전투를 일컬어 귀주대첩이라고 부르는데, 이후 거란은 침략 야욕을 버리게 되었고, 을지문덕의 살수 · 한산도대첩과 함께 3대첩이라 한다.

아스팔트길을 걸으니 덥고 다리도 아프다. 지나가는 사람에게 길을 물었더니 다시 올라가거나 건너편 산으로 가라고 한다. 오후 1시, 관악구민 운동장 쪽으로 올라가는데, 무슨 재경 군민회를 하는지 차를 막아놓아 다니기 불편하다. 골목길 이리저리 걷고 물어서 아침에 차를 대 놓은 관악산 주차장을 찾아 걷는다. 걷는 것이 마냥 즐겁지만 봉천7동 주택단지를 20분가량 걸어 큰길로 나오니 배고프다.

봉천동 고갯길 도로 옆에 청진동 해장국집. 이를 쑤시는 사람들이 길가에 서서 수군대는 이른바 문전성시(門前成市)를 방불케 하는 곳이다. 피곤한 나그네는 어깨에 짊어진 배낭을 내려놓는데 넙죽 인사하는 주인인 듯 종업원인 듯 반갑게 맞는다. 깍두기 곁들인 한 잔에 피로를 잊는다. 서울식 선지국이라 콩나물을 섞어 짜지 않아서 별미다.

해장국집 주인은 남장 한복을 곱게 차려입고 오가는 손님에게 인사하기 바쁘다. 지나칠 정도로 인사 잘하는 곳 처음 봤다. 원목 탁자마다 밑에 휴지통을 가지런히 놓았는데 입 닦고 불편하지 않도록 한 것이 좋다. 어쩌면 이렇게 생리적인 실례를 배려했을까? 서비스가 아니라 감동이다. 해장국 한 그릇 3만 5

1) 고려 서북면 행정구역, 홍화(의주), 용주(용천), 통주(선천), 철주(철산), 귀주(구성), 곽주(곽산).

천 원이래도 줄 수 있겠다.

관악소방서 · 경찰서, 문영여고를 지나 고갯마루 내려서니 가까이 세 번, 멀리서 일곱 차례, 산 형세를 알듯한데 근삼칠원(近三七遠) 관악이 불타는 연기처럼 부옇다. 오후 1시 50분 대학 정문 앞에는 도로공사로 혼잡하다.

"아스팔트길 오래 걸어 다리 아프다."

"……."

"도로에 서서 하루 종일 신호기 흔드는 사람도 있어."

"……."

아침부터 신호기를 흔들던 마네킹은 아직도 그 자리에 꼼짝없이 서서 손짓을 하니, 아무리 사람이 아니래도 중노동이다. 박절(拍節) 스위치를 넣어 간헐적으로 움직이게 하는 것도 괜찮을 텐데…….

오후 2시경 주차장까지 원점회귀 하는데 5시간 걸렸다. 주차요금 몇 만 원. 일요일은 도로변에 일렬주차를 허용하는데도 구태여 주차장을 고집했으니 융통성 없긴 참……. 서울깍쟁이처럼 햇살도 인색한 10월 오후 시내를 달려간다.

탐방길

- **정상까지 4킬로미터, 2시간 15분 정도**

관악산 입구 주차장 → (25분)호수공원 갈림길 → (15분)연주대·무너미고개 갈림길 → (25분)토끼바위 → (15분)제3왕관바위 → (10분)국기봉 → (45분)정상 → (20분)지도바위 → (5분)사당·관악사지 갈림길 → (35분)상봉약수터 → (45분)낙성대 → (15분)관악구민운동장 → (40분)관악소방서·문영여고 → (20분)관악산 입구 주차장

* 바위길 보통 걸음 평균 시간(기상·인원수·현지여건 등에 따라 다름).

붉은 노을빛 깃대봉

자산어보 · 오징어 · 예덕나무 · 청어미륵 · 황칠나무
숨골재 · 홍도 · 구실잣밤나무 · 슬픈여

홍도로 가기 위해 몇 번을 벼르다 작정하고 밤 2시 30분에 일어났다. 3시경 출발해서 광주까지 달려 6시 20분 목포연안여객선 터미널에 도착한다. 비릿한 새벽 냄새가 항구 도시임을 실감나게 했다. 2층 매표소에서 신분증과 예약표를 확인하는데 일행 한 사람이 당황해 한다. 걱정 말라고 했다. 휴대폰으로 사진을 받아 해결하니 오늘은 편리한 통신기기 덕을 봤다. 터미널에 앉아서 김밥으로 간단히 아침을 먹고 7시 50분 출항이다. 나직한 파도 위로 물안개 피지만 9월의 막바지 바다 날씨는 좋은 편이다. 선창(船窓)으로 유달산이 언뜻언뜻 보이다 지워진다. 오른쪽 비금도를 지나고 외해로 나간다. 비금도 · 도초도를 차츰 벗어나면 파도가 출렁거리는데 오늘은 다행이다.

일행들은 배 안에서 부족한 잠을 자고 나는 배 뒤편에 서서 기댔다. 검은 들판에 하얀 레이스를 펼치듯 물보라를 일으키면서 크고 작은 섬들은 모두 뒤로 물러선다. 망망대해. 뒤로 바라보니 오른쪽 바다 위로 햇살이 물 위에 내려앉아 눈이 부신다. 선창(船窓) 너머 잔잔한 바다. 물결은 0.5미터쯤, 물때가 좋다. 파도에 잔물결이 흩어지면 대략 파고1.5미터인데 뱃멀미를 하게 된다. 내해를 빠져 나가자 뒤로 달아나는 무인도, 드문드문 부표들이 떠 있다. 인생은 어차

피 떠돌다 가는 부평초(浮萍草) 아닌가? 세상살이 물 위에 뜬 개구리밥처럼 보잘 것 없으니 바람 따라, 물결 따라 구름같이 정처 없는 인생, 안개가 희미해져 다도해는 숨을 듯 말 듯. 드넓은 바다는 헤아릴 수 없으니 배에 의지한 나그네, 창해(滄海)의 일속(一粟)이라. 흘러가는 바다는 가슴 벅차다. 9시 45분쯤 둥그런 원 안에 들어왔다. 흑산도 항구에 "흑산도 아가씨" 노래가 바다로 흩어졌다.

"남몰래 서러운 세월은 가고, 물결은 천번 만번 밀려오는데, 못 견디게 그리운 아득한 저 육지를, 바라보다 검게 타버린 검게 타버린 흑산도 아가씨~"

배에서 내리자 갯내음이 코끝에 물씬 풍겼다.

흑산도까지 2시간 정도 걸렸다. 멀리서 바라보면 푸르다 못해 검게 보인다 하여 흑산(黑山)이라 불렀다. 손암(巽菴) 정약전(丁若銓 1758~1816)은 신유박해 때 흑산도로 유배, 16년 만에 일생을 마쳤다. 실학의 대가 동생 정약용도 강진으로 유배되고 자형 이승훈, 형 정약종을 잃었음에도 그는 슬픔을 딛고 유배지에서 학문에 열정을 쏟았다. 서당을 열어 실학을 알리며 자산어보(玆山魚譜)를 지었다. 1814년(순조) 흑산도 물고기들의 생태를 손수 관찰한 자산어보는 실학기의 유명한 저서로 연안의 어류분포 · 습성 · 형태를 기록한 우리나라 해양수산학의 고전으로 꼽힌다. 전체 3권, 인류(鱗類 비늘 있는 것), 무인류(無鱗類 비늘 없는 것) · 개류(介類 껍질류), 잡류(雜類)로 되어 있다. 날아가던 까마귀가 물 위에 뜬 오징어를 죽은 줄 알고 쪼면 도리어 물속으로 끌려들어가 먹혔으므로 까마귀 도적, 오적어(烏賊魚)라 기록했다. 오적어가 오징어로 변한 것이다. "자(玆)는 검다(黑)의 뜻이니 자산은 흑산(黑山)과 같다. 흑산은 음침하고 어두워 두려운 데가 있다며 편지를 보낼 때마다 자산이라고 썼다." 자산어보에 기록한 어류 · 패류 · 조류 등 수산동식물은 155종[1]이었다.

1) 정약전의 자산어보(경향신문 1995.2.22).

10시 20분 홍도에 닿는다. 배에서 내리자마자 나이든 여자들이 호객행위를 한다. 여관, 식당에 오라고 잡아끌 듯 하는데 난감할 지경이다. 우리는 오후 3시 40분 유람선 예약부터 했다. 산으로 오르려니 깃대봉 표지는 없고 여관 이름들만 확연히 드러난다.

"어느 쪽으로 가지?"

"시장경제는 사회경제를 압도한다."

"모텔은 여관을 압도한다."

"……"

숙박업소 좁은 골목길 죽 들어가서 흑산초등학교홍도분교, 오른쪽 이정표가 반갑다. 20분쯤 걸어 계단으로 오르니 해국(海菊)은 바람에 살랑거린다. 동백 · 참식 · 후박 · 소사 · 쥐 · 붉 · 작살나무, 예덕나무는 확실히 섬과 잘 어울리는 세련된 나무다. 예덕나무는 대극과의 낙엽 큰나무로 10미터 정도까지 자란다. 붉은빛을 띤 긴 잎자루에 잎은 어긋나고 달걀 모양으로 헛개나무, 오동나무 잎을 합쳐 놓은 것 같다. 암수딴그루로 6월경에 녹황색 꽃이 달린다. 열매는 10월에 검게 익고 가시가 있다. 전남 · 경남 · 충남 등지에 자란다. 일본, 중국에서는 예덕나무 잎, 줄기, 껍질을 갈아 알약으로 만들어 암치료제로 판다고 알려져 있다. 오동나무와 비슷해서 야오동(野梧桐), 야동(野桐), 봄철 새순이 붉은 빛깔을 띤다고 적아백(赤芽柏), 밥이나 떡을 싸먹는다 해서 채성엽(採盛葉)으로 부른다. 뜨거운 밥을 잎에 싸 먹으면 향이 좋다. 빨간 순을 따 소금물로 데쳐 떫은맛을 없애 무쳐 먹기도 한다. 건위 · 소화를 잘되게 하고 신장 · 방광의 결석을 녹이며 통증을 없애준다. 십이지장 · 위궤양 · 위암

홍도분교에서 정상으로 가는 길

바위섬과 어우러진 예덕나무

에 잎 · 줄기 · 껍질을 달여 먹고, 치질 · 종기 · 유선염 등에 달인 물로 씻거나 찜질을 하면 효과가 좋다고 알려져 있다.

건너편 양산봉(231미터), 방구여(남문바위), 바위섬과 학교와 어우러진 풍경은 절경이다. 푸른 하늘에 구름이 둥실 떴고 바다 색깔도 에메랄드 빛, 티끌 한 점 보이지 않는다. 자연이 만든 수채화다. 며느리밥풀꽃은 훨씬 붉고 숲 내음도 아닌 듯 갯 내음이다. 두 가지, 세 가지, 여럿이 섞여 더욱 향기롭다. 싸르륵 싸르륵 모래와 조약돌을 끌어오는 파도소리도 화음을 맞추듯 맑고 정겹다. 해조곡(海潮曲)이 따로 없다.

청어미륵

구실잣밤나무 숲길, 말오줌대는 지리산에 자라는 것보다 두껍고 붉은 색을 띈다. 동백나무 숲 터널로 들어서자 어두울 정도로 빽빽하다. 청어미륵, 남녀 미륵으로 불리는 두

개의 돌이다. 고기잡이배에 청어는 들지 않고 돌만 그물에 걸렸는데 어느 어부의 꿈에 돌을 모셔 놓으면 풍어가 든다는 계시를 받아 그대로 하였더니 고기잡이가 잘됐다고 한다. 어촌의 민간신앙과 불교가 결합한 상징물이다.

청어미륵을 지나 그늘인데도 땀은 비오듯 흐른다. 고마운 김 선생님 배려에 배낭은 젖지 않았다. 하도 땀을 많이 흘리니 비닐 천으로 맵시 나게 만들어 준 등받이 덕택이다.

11시경 동백 숲 쉼터(깃대봉1.1 · 홍도1구0.9킬로미터), 땀 닦으며 물 한 잔. 가파른 나무계단 길 올라서니 고로쇠 · 팔손이 잎을 섞어놓은 듯 잎은 두껍고 3~5갈래로 깊게 갈라져서(缺刻) 광택이 난다. 황칠나무다. 15미터까지 자라며 회색껍질로 10월에 열매는 검은색으로 익는다. 줄기에 상처를 내면 노란 액이 나오는데 황칠이다. 남서 해안 · 섬에서 잘 자라는 상록활엽 큰키나무, 우리나라 원산지다. 옻나무와 함께 천연 칠감으로 옛날부터 귀하게 여겼다. 나무 · 금속 공예품 등에 칠을 하면 황금색 찬란한 빛과 상쾌한 향이 나온다. 원나라에서도 고려 황칠을 최고로 쳤다. 화학 도료(塗料)의 등장으로 한때 맥이 끊겼지만 최근에는 황칠의 우수성을 계승하기 위해 황칠나무 보급이 활발한 편이다.

배 시간을 맞춰야 하니 마음은 바쁜데 따라오는 일행은 처진 모양이다. 동백 · 후박나무 컴컴한 숲속의 숨골재에 닿는다. 옛날 어떤 어부가 절구 공이로 쓸 나무를 베다 구멍에 빠뜨렸다. 다음 날 바다에 나가 고기를 잡는데 물에 떠있는 나무를 보니 어제 빠뜨린 것이었다. 바다 밑으로 뚫려있는 굴이라 하여 숨골재굴이라 불리다 지금은 숨골재다. 여름에 시원하고 겨울에는 따뜻한 바람이 나왔는데 메워 버렸다 한다.

가파른 동백숲길 오르니 콩짜개란은 동백나무 줄기에 붙어산다. 그늘에 습

수평선 위로 아스라이 흑산도가 보인다

기가 많아 춘란 · 풍란도 해풍에 살기 좋은지 기세가 등등하다. 팥배 · 고로쇠 나무를 보면서 수상한 사람들을 만난다. 난초 캐는 사람들이 아닐 것으로 믿는다. 섬 전체가 천연기념물이라 풀 · 나무 · 돌 등 어느 것 하나도 가져갈 수 없으니 불법으로 채취하지는 않을 것이다.

11시 20분, 앞바다에 보이는 섬이 검으니 흑산도(黑山島), 이름값을 한다. 참식나무, 콩짜개란은 일엽초와 같이 산다. 숯가마터를 지나 능선길 햇살이 잘 드는 길옆으로 분홍빛 꽃을 피운 꿩의비름은 크고 잎도 두텁다. 좀굴거리나무도 씻은 듯 깨끗한데 바위에 앉아 서해를 바라보니 호수처럼 잔잔한 바다, 마음이 편안하다. 이 봉우리를 오르면 한 해의 건강과 행운이 온다는 이야기가 속설이 아니길 믿는다. 너무 고요해서 우스갯소리지만 상하이의 닭 우는 소리 들릴 것 같다. 저 바다 서쪽 끝까지 가면 산둥 반도에 닿을 것이다. 옛날 당나라로 갈 때 바닷길 하루가면 흑산도 · 홍도에, 다시 하루를 더해 가거도에 이르고 사흘 가면 도착했다고 전한다. 순풍을 만나면 하루 만에 갈 수 있다고 했다.

11시 30분, 홍도 깃대봉 365미터 표지석이다(홍도2구2.1 · 홍도1구2킬로미터). 이곳에서 바라보는 산과 섬, 바다는 아늑하고 정겹다. 다도해(多島海). 잔잔한 바다 위 왼쪽부터 독립문바위, 흑산도, 상태 · 중태 · 하태도, 오른쪽이 가거도(可居島)다. 우리나라 서남단 끝 섬으로 가히 살 만한 섬, 가도 가도 끝이 안 보이는 섬이라 가거도라는 것이다. 한때 소흑산도라고 했다. 꿩의비름, 예덕 · 소사 · 돈나무들이 정상을 지키고 섰다. 깃대봉 주변에는 동백 · 후박 · 구실잣밤 · 소사 · 식나무, 덩굴사철, 참기름을 바른 듯한 도깨비쇠고비 등 희귀식물 수백 종이 있다. 깃대봉(旗峰)은 흑산도와 깃대로 연락을 한 데서 불린 듯, 그러나 여기서 보니 거리가 너무 멀다.

홍도는 섬 주변을 다니던 배들이 바람을 피해 정박하였다가 뭍으로 돌아가려 동남풍을 기다리는 섬이라 하여 대풍도(待風島), 노을에 비친 섬이 붉은 옷을 입은 것 같다고 해서 신증동국여지승람(新增東國輿地勝覽) 나주목(羅州牧)에 홍의도(紅衣島), 동백꽃이 빨갛게 섬을 덮고 있어서, 해질 때 섬이 붉고 바위가 붉은 빛을 띠어 홍도(紅島)라 붙여졌다. 목포에서 115킬로미터, 흑산도에서 서쪽으로 22킬로미터 정도 떨어진 신안군 흑산면에 딸린 섬으로 다도해 해상 국립공원이다. 600헥타르 남짓한 크기, 해안선은 20킬로미터 정도. 250여 세대가 살고 있다. 조선 성종 때 고기 잡던 김해 김씨 김태선[2]이 파도에 쓸려 정착했던 것으로 전한다. 숙종 때 제주 고씨가 들어와 마을을 이루었다.

2) 신안군 마을 유래(흑산면 홍도리)

파수꾼처럼 서 있는 나무들을 두고 뒤돌아선다. 섬벚나무, 참회나무 깍지는 연록색으로 붉다. 전망대에서 멀리 바다를 바라보며 깊은 호흡을 해 본다. 후련하다. 정오 무렵 쉼터에 앉아 목포막걸리 한 잔, 아버지 좋아하시던 단무지, 동백나무 아래 사과와 김밥 한 입으로 최고의 점심이다. 오래된 소나무 몇 그루가 이 산에서는 희귀종이다. 구실잣밤나무 연리목을 지나 12시 15분 흑산초등학교홍도분교. 햇살이 따갑다.

구실잣밤나무는 제주 · 거제 · 남해 · 홍도 등 바닷가 산기슭에 자라는 암수한 그루 난대 수종 밤나무 식구다. 새불잣밤 · 구슬잣밤으로도 부른다. 한국 · 일본 · 타이완 · 중국 원산, 상록활엽 큰키나무로 15미터까지 자란다. 잎은 어긋나고 피침 · 타원형 표면은 윤이 난다. 6월에 피는 연노랑 꽃은 향기가 진하다 못해 강렬해서 부녀자들은 외출을 삼가고 과부는 근신했다고 한다. 나무 밑에도 잘 가지 않았다는데 아마 못 가게 했을 것이다. 냄새가 자극한다지만 꽃이 최음(催淫) 효과를 가진 것은 아니다. 오히려 역해서 기겁할 수 있다. 바닷가사람들은 남자냄새라고 했다. 양향(陽香), 정체는 스퍼민(spermine)이라는 것.

약알칼리성으로 산성을 중화시킨다. 열매는 다음 해 가을부터 익는데 세 갈래로 벌어진다. 도토리처럼 날것으로, 구워서, 떡에 넣어 먹었다. 회색 나무껍질은 그물 염색제로, 목재는 건축 · 선박 · 가구 · 농기구 · 버섯재배용으로 쓴다. 비슷한 것으로 열매가 작고 가지가 엷은 메밀잣밤나무가 있다.

12시 30분경 유람선을 타기 위해 길게 줄을 선다. 홍도의 제1경이라는 남문 · 병풍 · 물개바위는 규암질이라 붉다. 제비여 · 아랫제비여 바위마다 거북손들이 물이 나갈 때마다 훤히 드러난다. 이 밖에도 슬픈여 · 아랫여 · 상제비여 · 솔팍여 · 상두루여 · 큰미사리여 · 앞여 · 방구여…….

"여가 뭐야?"

일행이 묻는다.

"여는 여자들이 죽은 곳이다."

"……."

슬픈여는 바다에 나간 부모가 풍랑으로 돌아오지 않자 일곱 남매가 바다로 걸어가 돌이 되었다는 바위다. 몇 해 전 신안으로 여행 갔다가 궁금했던 것이었다. 대체 접미사로 끝나는 이 많은 "여"의 의미는 무엇이란 말인가? 그 무렵 흑산면, 마을이장님, 학계 등에 수소문해 봐도 잘 아는 이 없어 오히려 궁금증만 더했다. 나중에 신안문화원에서 연락이 왔다.

"……."

"바닷물 속에 잠겨있다 썰물 때 드러나는 바위를 섬사람들은 '여'라고 해요."

"순우리말이네요."

"……."

낭랑하고 친절한 남도 사투리였다. 굳이 친절한 사투리라고 말한 이유는 지역문화 안내자로서 자격이 있다고 생각하기 때문이다.

유람선에서 요란스런 노래가 흘러나오는데 어딜 가나 뽕짝이다. 마이크를

선상횟집. 앞쪽 작은 배

든 사람은 한 술 더 떠서 저속한 말만 쏟아낸다. 역사 · 문화보다 말초적 관광 안내는 사람들을 수준 이하로 만들 것이다.

동굴 두 개를 지나서 홍도2구 대핑이 마을이다. 학창시절 최기철의 "홍도의 자연"에서 홍도2구 석촌마을 대풍리를 대핑이라 했던 그때를 되살려본다. 옆으로 바짝 배를 대니 부연 물안개가 산으로 흩날린다. 4시 반경 선상횟집이다. 돔 · 우럭 종류를 내놓는데 한 잔 맛이 섬 일주의 압권이다. 내연발전소 지나서 오후 3시경 원점으로 돌아온다. 해산물 파는 노점들이 죽 늘어섰지만 미역귀 한 봉지 샀다. 3시 45분, 목포 가는 배를 타고 흑산도에 이르니 오후 4시 15분, 어촌 정취는 사라졌고 모든 것이 현대적이다. 8할 정도의 승객들이 내렸는데 섬은 그야말로 도시가 됐다. 바위섬을 연결한 다리들, 당구장 · 탁구장 · 모텔 · 술집 · 여객터미널……. 이곳에서 하룻밤 지내며 잔을 기울이긴 좋은 곳이렷다.

"……."

"이 섬에 다 내린 것이 수상하다."

"여행사에 당한 것 아니야?"

드럼 치는 친구다.

"……."

텅 빈 배, 여유 있게 다리 뻗고 간다. 파도는 더욱 잔잔하고 올 때보다 편안하게 항해한다. 그나마 비금도에 들러 몇 명 탄 것이 고작, 오후 6시 반경 목포에 도착하니 유달산이 반갑게 맞아준다. 부두의 해질녘은 누군가 구름을 흩어 환칠을 해 놓았다. 홍도의 낙조를 보는 듯 서해바다는 온통 불타는 것처럼 붉다. 바다는 해를 잘 놓아 주지 않지만 이내 엷어지는 노을빛이 아쉽다.

탐방길

● 정상까지 2킬로미터, 1시간 10분정도

홍도 선착장 → (10분)홍도분교 → (20분)청어미륵 → (10분)동백숲 쉼터 → (20분)숯가마터 → (10분)정상 → (45분)홍도분교 → (15분)선착장

* 기상·인원수·현지여건 등에 따라 시간이 다름.

호국정토의 상징 경주 남산

서라벌 · 김시습 · 탑의 기원 · 하도낙서 · 감실부처 · 포석정곡수

남산 · 오악 · 칠불암 · 설씨녀 · 앵초 · 열암곡 · 노간주나무

아침 해가 제일 먼저 비추는 서라벌, 눈부신 서광이 아름답지만 산과 물도 벌판도 평화로운 터전이었다. 전성기 때 서라벌은 집이 18만여 채, 초가가 없고 기와 처마가 닿아 있었다 한다. 인구 100만 명가량, 숯으로 밥을 지어 도심에 그을음이 없었다니 가히 신라(新羅)가 덕업일신 망라사방(德業日新 網羅四方)의 국제도시다웠을 것이다. 8세기경 콘스탄티노플, 장안, 바그다드와 겨루었다면 과장일까? 지금은 30만 명 채 안되니 천년제국의 흥망을 새기며 걷는다.

국가의 수도(首都)는 한 나라의 중앙 정부가 있는 곳이다. 우리나라에선 서울이라 하고 사로, 서라벌, 쇠벌, 셔블, 쇠울, 서울로 바뀌었다. 신성하고 거룩한 터라는 것.

서라벌은 맑은 물이 흐르는 푸른 벌판이었다. 처녀가 빨래를 하는데 남신과 고운 얼굴의 여신이 찾아왔다. 이들은 주변을 둘러보더니 "우리가 살 곳은 바로 여기다"라고 외쳤다. 놀란 처녀가 신들이 워낙 커서 "산 봐라" 하고 소리를 질렀는데 비명에 놀란 두 신이 그만 산이 되었다. 여신은 남산 서쪽의 아담한 망산, 남신은 이곳 남산이 되었다 한다. 박혁거세가 남산 아래 나정에서 났고 화랑들이 호연지기를 키우던 곳이며, 산성을 쌓아 외침을 막은 요새였으며 포

용장골 계곡

석정에서 망국의 비운을 맞은 땅이다. 남산은 신라의 시작과 끝이며, 신라 성지로 호국정토라 할 수 있다.

용장골과 금오산

일행은 아침 8시 30분 경주시 내남면 용장골 입구에서 소금강 형세를 닮은 계곡을 향해 오르는데 마을 끝나는 지점에 이르자 길을 묻는다.

"금오산 어느 쪽으로 가야 되죠?"

"곧바로 가시면……."

"우리도 금오산 갑니다."

20분 남짓 오르자 계곡에 앉아 신선놀음하기 좋은 곳이다. 골이 깊어 반석에 물이 흘러 넘쳐흐른다. 늘 느끼는 것이지만 설악산의 축소판처럼 돌과 바위, 물, 소나무들이 잘 어울려 운치가 있다. 일행은 모두 천 년 전 신라인, 30분쯤 올라가니 설잠교다. 소나무, 참나무, 대나무, 철쭉이 물빛에 해맑다.

"남산은 산이며 계곡마다 석탑, 불상, 절터 등이 널려져 있어서 산 전체가 노천광산입니다"

"……."

노천박물관이라고 한다는 것이 잘못 발음해 노천광산이 됐다.

설잠(雪岑)은 김시습의 법명[1]이다. 5세 신동이라 세종이 크게 쓰겠노라 하였다. 생육신[2]으로 본관은 강릉. 호는 매월당(梅月堂). 21세 때 왕의 자리를 뺏은 수양대군을 저주, 책을 불사른 뒤 머리를 깎고 경향각지[3]를 유랑하였다. 간신들의 세상을 한탄하여 31세 때 이곳 금오산 용장사(茸長寺)에 머물렀다. 최초의 한문소설 금오신화[4]를 남겼다. 서울 수락산 등지에서 살았으나 아내를 맞아들여 환속[5]하였고 떠돌아다니다 부여 암자에서 59세로 병사하고 만다. 매월당의 편력[6]이다.

대나무길 올라 9시 50분경 용장사 터에는 망초 꽃이 무성하고 무덤이 주인이다. 시누대, 신우대, 신호대라 하는데, 이순신장군이 화살로 만든 대를 왜군이 오면 첫 시위를 놓아 신호로 썼다. 건너편 쳐다보니 고위산이 눈앞이다. 10시 삼륜대좌불, 연화대좌 미륵불이 있는 도솔천이다. 머리가 없는 것은 조선시대 파불(破佛)의 흔적인가, 일제강점기 상흔인가? 10분 더 올라가니 신라의 명당자리는 용장사지 삼층석탑이다.

탑(塔)은 부처의 사리를 봉안하기 위한 것으로 고대 인도 산스크리트어(Sanskrit, 梵語) 스투파(stupa), 탑파(thupa)를 한자로 표기하며 굳어졌다. 북한에도 탑이 많이 있으나 현재 익산 미륵사 9층 석탑을 기원으로, 부여 정림(定林)사지 5

---

1) 승려가 속명(승려 전의 이름)과 별개로 받는 이름(法名). 승명(僧名) · 불명(佛名).
2) 김시습(金時習) · 원호(元昊) · 이맹전(李孟專) · 조려(趙旅) · 성담수(成聃壽) · 남효온(南孝溫) 등 세조가 단종의 왕위를 탈취하자 살아서 절의를 지킨 사람(生六臣). 반대로 죽음으로 절개를 지킨 성삼문 · 박팽년 · 하위지 · 이개 · 유성원 · 유응부를 사육신(死六臣)으로 불림.
3) 서울과 시골을 아우르는 말(京鄕各地)
4) 만복사저포기(萬福寺樗蒲記), 이생규장전(李生窺牆傳), 취유부벽정기(醉遊浮碧亭記), 용궁부연록(龍宮赴宴錄), 남염부주지(南炎浮洲志) 등 5편. 일본에서 간행 1927년 최남선에 의해 소개(金鰲新話).
5) 출가했던 승려가 속세(집)로 다시 돌아감(還俗).
6) 이곳저곳 돌아다니거나 여러 경험을 함(遍歷).

용장사 터

층 석탑, 의성 탑리 5층 석탑, 감은사지 3층 석탑, 불국사 석가탑이 완결판이라는 것이 정설이다. 중국에는 벽돌로 만든 전탑, 일본은 목탑이 유행했다.

멀리 흘러가는 뭉게구름, 들판 너머 도로마다 차들이 달리고 모든 것들도 빠르게 지나간다. 올라가는 길에 소나무 새순은 거의 60센티 이상 자랐다. 나무마다 솔방울 다닥다닥 달았다. 제 몸도 못 가누는데 무겁게 달고 있으니, 무자식이 상팔자라 했던가? 나무는 환경이 나빠지거나 스트레스를 받게 되면 번식을 많이 해서 조금이라도 많은 개체를 남기려는 습성이 있다. 남산 종단도로 갈림길에서 10여 분 더 올라가 11시경 금오산(金鰲山 468미터) 정상은 안개 가득하고 여덟 명은 습관처럼 사진을 찍는다.

“경주 고속도로입구에서 바라보면 산 모양이 자라(鰲)나 거북을 닮았기 때문에 금오산이라 부릅니다.”

하필이면 거북일까? 거북은 단단한 껍데기와 영양분을 오래 지니고 있어 장수, 불사의 상징이다. 하늘처럼 등이 둥글고 땅처럼 평평한 배를 보고 우주의 축소판으로, 등에 그림이 새겨져 있어서 신령스럽게 여겨왔다. 이른바 하도낙

용장사지 삼층석탑, 왼쪽 고위산, 오른쪽 경부고속도로

서(河圖洛書)인데 도서관의 어원이다. 하도는 복희[7]가 황하에서, 낙서는 하우[8]가 낙수의 거북등에서 얻은 그림으로 역학의 기본이 된다.

아침부터 일행이 된 안양에서 온 사람과 계곡 근처에서 우리는 도시락을 나눠먹었다. 박씨왕인 아달라왕, 신덕왕, 경명왕의 삼릉에 12시 40분경 도착했다. 국도를 걸어 경주교도소 지나고 아침에 차를 댄 용장골 입구까지 간다. 아스팔트 위로 뱀이 차에 치어 꿈틀거리는 뜨거운 오후, 20분 걸려 원점으로 되돌아 왔다.

며칠 후 같이 간 일행으로부터 전화가 왔는데 우리가 걷던 구간이 방송에 나왔다고 한다. 앞으로는 남산 못 가겠네. 텔레비전에 나왔으니 내일부터 인산인해를 이룰 것이다. 나는 그날 이후 오래도록 가지 않았다.

---

7) 전설상의 중국 제왕 또는 신(伏羲).
8) 중국 하(夏)나라 우(禹)임금(夏禹).

절골 감실부처, 칠불암길

남산불곡석불좌상, 감실부처

길옆에 대여섯 대 주차할 수 있는 절골 입구에 8시 45분 도착했다. 남산 동쪽 기슭은 고즈넉해서 좋다. 흙길을 십여 분 걷노라면 휘어진 화살대나무(箭竹) 숲을 지나고 마음씨 좋은 할머니 부처를 만나게 된다. 바위를 파낸 감실불(龕室佛)로 천 년 넘게 돌 속에서 만고풍상(萬古風霜) 겪은 남산불곡석불좌상이다. 할매부처, 절골(佛谷)이라 부른다. 7세기 전반에 만들어진 남산에서 가장 나이 많은 석불로 알려졌다. 여러 차례 올수록 애틋한 정이 들어선지 발걸음 떼기 어렵다.

배낭을 메고 솔숲을 한참 오르니 군데군데 무덤, 영산이라 투장(偸葬)[9]도 얼마나 많았을까? 안개 낀 솔숲은 걷기에 안성맞춤이다. 10시경 포석정 갈림길. 여기까지 잔솔이 어우러져 좋지만 지금부터는 얼마나 넓혀놨는지 좋은 길이 아니다. 비틀어지고 휘어져 물빛을 머금은 작은 소나무마다 한 폭의 그림이다. 우리나라 소나무는 함경도지방의 우산 꼴인 동북형, 평안도에서 전라도까지 가지 많은 중남부형, 강원 · 경상북부의 전봇대처럼 곧게 자라는 금강형, 그리고 이곳을 포함한 경상내륙의 뒤틀린 안강형 소나무 등으로 구분한다.

금오정 갈림길 지나 11시에 금오산에 닿는다. 30분쯤 큰길을 내려서면 삼화령, 곧 이영재를 만난다. 정오 무렵 자리를 살피는데 밀감 껍데기 버려져 있다고 한다.

"껍질과 껍지일의 차이는 뭡니까?"

---

9) 몰래 무덤을 쓰는 것.

해목령 근처, 뒤틀린 소나무

금오산 가는 길

"……."

"껍질은 짧게 깎은 것 껍지일은 사과처럼 길게 깎은 것."

"껍질과 껍데기는?"

"껍질은 연한 것, 껍데기는 딱딱한 것."

"밀감 껍데기라 하면 안 됩니다."

"……."

"산을 영어로 하면 뭐죠?"

"마운틴."

"그럼 메아리는?"

"……."

"마운틴~틴~틴."

나보다 남산을 더 좋아하는 김 선생과 오늘도 비겼다.

12시 50분 칠불암 350미터 지점, 고위봉은 1킬로미터 거리다, 발을 헛디디면 깎아내린 절벽 아래 떨어질 것 같은 바위에 불상을 새겼는데, 신선암 마애보살반가상이다. 옆에서 한 사람, 한 사람씩 사진을 찍어준다. "저 멀리 불상이 바라보는 곳을 쳐다봐요. 천하절경입니다." 2시 방향으로 토함산이 시원하다. 아무리 폼 잡고 온갖 자태로 셔터를 눌러봐야 저마다 부처의 손바닥인 것

산중턱에 칠불암

칠불암

을…….

오후 1시경 칠불암. 절집에는 무수한 신발들이 뒤엉켜 제각각이다. 어디서 온 신발이기에 이토록 많이 주인들을 기다리고 있나. 일곱의 불상 중에 가운데는 어딘지 부자연스럽고 어색해 예술성이 떨어진다고 생각한다. 사방으로 평정한 나라를 부처의 힘으로 다스리기 위해 동쪽에는 약사불, 서쪽은 아미타불, 남방에 석가불, 북방은 미륵불을 새겼다. 석가모니는 이렇게 가르치진 않았을 텐데 꿈보다 해몽을 중요하게 여긴 것 같다. 왕이 곧 부처요(王卽佛), 보살은 귀족, 평민은 중생으로 불교의 가르침을 통치 이데올로기로 삼았으니, 도의선사[10]가 선종(禪宗)[11]을 전하지 않았으면 심즉불(心卽佛)은 저 낭떠러지 아래로 굴러 떨어졌을 것이다.

오후 2시경 동남산 마을 입구까지 내려왔다. 추어탕 집에 앉아 물 한 잔 들이킨다. 걸음이 빠른 이들은 통일전, 탑골, 절골까지 1시간 거리. 다시 절골을 걸어 차를 몰고 식당으로 되돌아오는 데 3분이면 넉넉하다.

---

10) 도의(道義), 신라 승려. 속성은 왕(王), 법명은 원적(元寂). 선덕왕 때 당나라에 가서 불법을 물려받고 도의로 개명, 귀국하여 선종을 전하였다. 가지산파(迦智山派)의 개조.
11) 참선수행으로 깨달음을 얻는 불교의 종파(頓悟). 교종(教宗)은 교리와 경전을 중시하는 종파(漸修).

틈수골 천룡사 터

10시 못 되어 삼릉에 도착했다. 10분마다 시내버스가 오는데 운이 좋았던지 바로 탈 수 있었다. 틈수골까지 버스요금은 한 사람 1,500원, 경주교도소, 용장골 입구를 지나 용장3리 정류장이 틈수골 입구다. 삼릉에서 10분 걸렸다.

고위산 이정표는 정상까지 2.4킬로미터를 가리킨다. 10분 거리 와룡동천에서 말쑥하게 차려입은 중년 여성을 만난다. 울산에서 오는 길이라며 천룡사를 물으며 고위산에 결혼식 간다는 것이다.

하도 의아스러워

"산꼭대기에서 결혼식을 해요……."

"우리도 같은 방향입니다."

"……."

함께 길동무 되어 산길을 올랐다. 10시 40분경 천룡사 터에는 식당이 먼저 자리를 잡고 있었다. 사찰이 있었다고 하나 현재는 밭이고 주춧돌, 깨진 기왓장들이 널브러졌다. 복원한 석탑의 티끌만 눈에 들어온다. 울산 댁과 헤어지고 작은 절집 마당에 혼례를 올리려는 듯 삼삼오오 모여 있다. 요즘 보여주기 쇼 같은 결혼문화에 비하면 산중의 혼례는 얼마나 신선한가? 하객이라야 스무 명 안 되지만 나도 진심으로 축하했다. 오늘 좋은 날, 복숭아나무도 빨간 입을 열어놓는다.

다시 갈림길에서 이정표(틈수골 입구1.5 · 새갓골 주차장2.3 · 천룡사지0.1킬로미터)를 본다. 길옆의 당귀 몇 잎 보며 10분 오르니 그다지 오래되지 않은 듯한 천룡사 절이다. 바로 위쪽 백운암 갈림길에는 차들이 와서 떠들고 있다. 아마 결혼식 하객일 것이다. 4월 중순이면 다 떨어졌을 벚꽃이 산속이라 그런지 암자에 만발하다. 11시쯤 바람에 실려 오는 향기를 뒤로하고 고위산을 향해 올라간다. 바위에 앉아 바라보기 좋은 세상은 봄빛에 초록 아닌 것이 없다.

산 아래 천룡사 터

천룡사 터

산길 옆 절집

해발 494미터 고위산 11시 30분이다. 헷갈리기 쉬운 정상에서 우리는 칠불암 쪽으로 발길을 돌려 백운재로 내려간다. 12시경 칠불암 갈림길, 바윗돌 위에서 30분 동안 점심 먹고 금오산을 향한다. 통일전 갈림길까지 50분, 금오산 정상은 탐방객들이 많아 놀이터를 방불케 한다. 사람들에 치여 오래있지 못하고 금송정 지나 고속도로 보이는 바위 꼭대기에서 잠시 휴식이다. 백제 서산마애불과 견주는 신라의 미소를 보러간 것은 오후 2시 반, 이곳 배동 삼존불에는 가리개를 쳐 놓았다. 부잣집 제삿날 초라하다고 문 앞에서 업신여기자 스님은 사자를 타고 가버렸다. 욕심쟁이 주인이 밤새 엎드려 빌었대서 사람들은 절 잘하는 동네, 배동(拜洞)이라 비꼬아 불렀다.

포석정과 삼릉의 솔숲

10월의 토요일은 가을빛에 가슴 설레는 날. 포석정 입구 주차장엔 황소개구리 울음소리 요란하다. 주차요금 이야기 하다 부엉골 갈림길까지 왔다. 30분 정도 지나 작은 소나무와 너럭바위가 어우러져 절경이다. 엉덩이처럼 잘생긴 바위는 멀리 벌판을 보며 자태를 뽐내고 대나무, 소나무가 절묘하게 어울려 산다. 10시경 소풍하기 좋은 너럭바위에 앉아 천년 왕국 신라시대로 거슬러 간다. 오른쪽에 있는 나정은 박혁거세의 탄생 설화가 깃들었지만 포석정(鮑石亭)은 경애왕이 견훤에게 죽음을 당한 곳이다. 유상곡수(流觴曲水)[12] 비운의 현장 포석정은 포를 놓고 제사지내던 곳이나 곡수에 술잔을 띄워 연회를 열었다. 견훤이 왕궁에 쳐들어와 임금을 죽게 하고 겁탈한다. 박씨 왕족을 몰아내 김씨 경순왕을 세웠으나, 오히려 경순왕은 난폭한 견훤으로부터 벗어나기 위해 임금 된 지 8년 만인 935년 가을, 신라를 왕건에게 넘겨주고 사심관[13]이 된다.

상선암 위쪽 금송정(琴松亭)에 앉아 신라 거문고 소리를 듣는다. 옥보고는 경덕왕 때 육두품 출신으로 지리산 근처에서 거문고를 배운 명수였다. 이곳에서 거문고를 탔는데 나무젓가락 같은 술대로 여섯 줄을 타는 것이다. 가야금은 열두 줄이다.

12) 흐르는 구불구불한 물길(曲水)에 잔을 띄우고 술을 마시는 풍류.
13) 연고가 있는 고관에게 자기 고장을 다스리도록 임명한 특별관직(事審官).

10시 30분 금오산 정상에서 넓은 길로 나와 북서쪽으로 걷는다. 11시 부흥사 갈림길에서 15분 내려가니 음각된 마애여래좌상에서 살모사를 만나고, 윤을곡마애불좌상 앞에서 다시 독사와 마주쳤다. 뱀을 보면 딸을 낳을 징조니 오늘은 여성들을 조심해야겠다. 내려오면서 이정표로 5리마다 심었다는 오리(五里)나무다. 왕릉 아래 오리나무, 뒤편 산비탈은 소나무다. 무덤 아래는 습지대가 되는데 오리나무를 심은 조상들의 지혜를 엿본다. 생장이 빠르고 척박지에 잘 견디므로 흙 흘러내림을 막는 나무(砂防樹)로, 재질이 연해 함지박, 나막신을 만드는 데 썼다.

금오산

12시 30분 포석정 주차장에서 조금 걸어 삼릉 솔숲이다. 남산은 전체가 소나무이지만 남산을 남산답게 해주고 천년 고도 경주를 빛내주는 것이 삼릉 솔숲이다. 비 맞은 소나무는 신비한 분위기를 자아내선지 아마추어 사진작가들이 모여드는 명소다. 그러나 흔하던 솔숲은 일제 강점기 남벌, 6·25전쟁, 산업화, 소나무 재선충의 질곡을 거치면서 많이 사라졌다. 머지않아 소나무는 왕릉이나 사찰처럼 특별히 관리하지 않으면 보기 힘들 것이다.

어슬렁거리며 잠시 올라가면 삼릉골에 대략 10여 곳의 불상과 절터를 볼 수 있다. 머리 없는 석불좌상과 북쪽으로 햇볕에 입술이 붉어지는 미스신라 마애관음보살상도 만날 수 있다. 돌계단을 지나 상선암 옆에는 남산의 좌불 중에 제일 큰 마애석가여래좌상이 경부고속도로를 바라본다.

삼릉 소나무
미스 신라로 불리는 마애관음보살상

탑골로 오르는 동남산

앞으로 바라보면 편안한 방석이나 책상 같은 느낌을 주는 산을 풍수적으로 안산(案山, 朱雀案山)이라 하고, 남산(南山)이라 부른다. 서울의 남산을 비롯해서 전국의 남산은 대개 이러한 형국이다.

신라왕이 있었던 곳이 월성(月城), 반월성(半月城)이니 경주 남산은 도성(都城)의 안산으로 금오산(金鰲山, 468미터)과 고위산(高位山, 494미터)을 잇는 크고 작은 봉우리, 서른 개 넘는 골짜기까지 일컫는다. 호국불교의 염원이 깃든 수

동남산 앞 경치. 왼쪽 선덕여왕릉 낭산, 사천왕사·망덕사 터

많은 문화재가 있는 야외박물관으로 2000년 12월 세계문화유산이 됐다.

짧고 가파른 동쪽은 동남산, 다소 완만하고 긴 반대편 포석정, 삼릉계곡, 용장골, 틈수골 등을 서남산이라고 부른다. 남북으로 대략 8, 동서로 4킬로미터, 석탑·마애불·석불·절터 등이 많으며 삼국유사에 수많은 전설과 애환이 전해져 온다. 신라는 남산 외에 오악을 두었는데 토함산이 동악, 계룡산이 서악, 지리산이 남악이요 북악은 태백산, 팔공산을 중악이라 했다. 불교가 공인(528년 법흥왕)되고부터 남산은 서방정토의 신령스러운 곳으로 숭상되었고 서라벌의 진산과 다름없었다.

연록색 오월의 나뭇잎은 싱그럽다. 주로 서남산을 많이 다녀선지 오늘은 동남산이다. 차를 몰고 도로옆 상서장 오른쪽 내리막길 조심스레 간다. 논둑길 따라 절골 지나 탑골 주차장 아침 8시다. 탑골마애조상군을 먼저 보러 옥룡암 옆길로 들어선다. 햇살이 나뭇잎에 조금 가렸지만 역광이다. 저 바위에 새겨진 서른 개 넘는 형상들은 부처의 진리를 그림으로 표현한 만다라.

탑골 마애조상군

"앞에 새겨진 탑을 보십시오. 신라 9층 목탑의 본보기(典範)입니다."

"……."

"불상 아래 새겨진 사자는 무엇을 의미할까?"

"사자가 백수(百獸)의 제왕이듯 중생들의 사자는 부처다. 설법을 사자후(獅子吼)라 하고 열변을 토할 때도 사자후로 표현했습니다."

걸음을 옮기면서 일부러 후후 숨을 몰아쉰다.

"입을 구멍처럼 오므려 보면 부르짖듯 후~ 소리 납니다. 입구(口)에 구멍공(孔)자를 합했으니 울 후(吼)……." 산비둘기 우는 소리 구슬프다.

뒤쪽에 삼존불 새겨진 바위와 노송, 아침 햇살이 어우러져 묘한 풍경을 그려준다. 소나무길 잠깐 오르니 국수나무 흰 꽃이 만발하고 등나무 군락이다. 군데군데 고사리들이 불쑥 솟아나 있다. 20분 정도 올라 갈림길(감실부처0.9 · 금오봉3.2 · 탑곡마애조상군0.5 · 상서장0.9킬로미터). 남북 능선을 가로지르는 신작로 같은 넓은 길인데 일제 강점기, 해방 전후 이 산을 박살 낸 것이다. 불국토인 남산을 오르지 않고 신라를 이야기한다는 것은 염치없는 일이라는 나의 생각이 이런 무지막지한 길 앞에서 부질없음을 한탄해 본다.

이 산 너머 아수라, 건달바 등 팔부중상(八部衆像)[14]이 조각된 창림사지 탑이 있다. 뒤틀린 소나무 숲길이 바위와 어우러져 위압적이지 않아서 참 마음이 편안하다. 바위에 잠시 앉아 서남쪽을 바라보니 저 멀리 도로와 시내가 훤하다.

"앞에 멀리 보이는 것이 단석산입니다. 김유신 장군이 칼로 내리쳤다는……."

"……."

때죽나무는 하얀 꽃잎을 조금씩 열었다. 간혹 노린재나무 흰 꽃, 벌써 꽃잎을 떠나보낸 팥배나무 꽃받침이 애처롭다. 한참 기분 좋게 걸어가니 상사바위에 두 분이 먼저 앉았다. 저 너머 동쪽으로 토함산이 있고 눈을 한 번 더 내리면 서출지 물빛이 햇볕에 아른거린다. 까마귀를 위해 보름날 오곡밥을 먹게 된 내력을 얘기하자 이번에는 상사바위에 대해 묻는다. 노인과 피리소녀와의 전설을 대충 늘어놓곤 별로 달갑잖은 표정을 짓는데,

"아무래도 안 좋아하는 얘기 같아요."

일행이다.

발을 옮겨주느라 만날 찌그러져 있는 등산화를 내려 보면서 예나 지금이나 남녀상열지사(男女相悅之詞)[15]는 장벽이 없었다 해도 어느 정도 비슷한 나이쯤 됐어야 실감이 날 것 아닌가? 금오봉 가는 넓은 길을 걷노라니 햇살이 제법 따갑다. 워낙 많이 온 곳이라 그냥 지나치기로 했다. 또 다른 상사바위가 금오봉 정상 부근에 있는데 상사병에 걸린 남녀가 바위에 빌면 낫는다고 한다.

---

14) 불교의 수호신으로 천(天) · 용(龍) · 야차(夜叉) · 건달바(乾達婆) · 아수라(阿修羅) · 가루라(迦樓羅) · 긴나라(緊那羅) · 마후라가(摩喉羅伽).

15) 남녀간의 사랑을 읊은 노래(고려가요를 낮추어 부름. 쌍화점 · 만전춘 · 가시리 · 서경별곡 · 청산별곡 등).

칠불암, 바위 꼭대기 마애보살반가상

용장골 갈림길(용장사지0.5 · 용장마을3킬로미터)에 이르니 10시 10분, 나무 그늘에 바람까지 솔솔 불어와 땀을 식힐 수 있다. 지루한 길을 따라 이영재의 오래된 소나무 몇 그루는 아직도 뿌리가 드러난 채 그대로다. 며칠 동안 폭우가 쏟아지면 곧바로 휩쓸려갈 지경인데, 흙 쓸림이라도 막아줘야 할 것 아닌가? 요즘엔 지역마다 너도나도 편의시설 한답시고 멀쩡한 산길에 돈을 들여 계단을 만든다. 오히려 불편한 시설로 자연을 망치는 짓은 그만 뒀으면 좋겠다.

땀을 뻘뻘 흘리면서 한참 만에 칠불암 갈림길 바위다. 멀리 바다로 갈 수 있는 중앙선 기차가 장난감처럼 굴러가고, 잘 정리된 들판에 모내기를 하려는지 논물을 가득 댔는데 물빛이 아롱거린다. 칠불암 뒤 높이 솟은 바위에 보관(寶冠)을 쓰고 걸터앉은 마애보살반가상을 지난다.

"참배객들은 관세음보살이라 하는데 볼 때마다 관능미가 느껴지니 관능보살이라."

"규범화된 것보다 낫습니다."

초파일이 나흘 지났건만 암자에는 사람들로 붐빈다. 보물 200호 푯말은 한편에 치워지고 국보 312호를 새긴 하얀 돌이 세워져 있다.

"왜 국보로 바뀌었을까요?"

"신라가 통일을 하고 불력으로 다스리기 위해 동서남북 사방불(四方佛)을 조성한 것은 다 아실 테고, 이곳에 있는 본존불은 편단우견불[16]과 항마촉지인[17]의 시작이자 석굴암 본존불의 본보기입니다."

"……."

옆에서 고갤 끄덕이던 일행이 없어졌다. 금강산식후경, 두 여인은 저만치 암자마루에 앉아 사설을 늘어놓는걸 보니 벌써 점심 공양에 만반의 태세를 갖췄다. 보살인지, 스님인지 서로 얘길 나누면서 자꾸 오라는 눈짓이다. 마지못해 이곳에서 점심을 해결하기로 했다.

"시주를 해야지 세상에 공짜가 어디 있어?"

나물밥 한 그릇에 된장찌개, 땀 흘리고 먹는 산중의 먹거리. 마음을 닦듯 설거지 그릇은 반듯이 엎어놓았다.

염불 외는 앳된 비구니는 티끌 없이 순수해 보였다.

"스님은 이런 분들한테 붙이는 호칭이야."

"역시."

---

16) 부처의 걸친 옷에서 오른쪽 어깨만 벗은 모습(偏袒右肩佛).
17) 오른손을 무릎 위에 놓고 손가락으로 땅을 가리키는 부처의 손 모양(降魔觸地印).

"속세에 있지만 나도 생불입니다."

"맞다. 이럴 때 불남불녀라고."

"……."

불남불녀(佛男佛女)인지 불남불녀(不男不女)인지 모르겠으나 바위틈 사람주나무인 여자나무를 보살나무라 하며 우리는 다시 험한 바위를 기어올라 되돌아 걷는다.

이영재를 또 지나고 삼화령 근처에 오니 날은 더워 땀이 줄줄 흐르는데 빨리 걷자고 재촉한다.

"지칠 땐 느리게 걸으면 힘이 빠져서 안 돼, 차라리 후딱 속도를 내는 게 상책이야."

동남산 산길은 모두 통일전으로 연결돼 있으니 이곳을 시점과 종점으로 정해 놓고 다니면 쉽다.

어느덧 내리막길 쉬엄쉬엄 걸어도 좋을 구간이다. 오후 1시 10분 감실부처 방향을 두고 오른쪽 옥룡암(옥룡암2.6 · 통일전1 · 포석정3.3 · 금오봉1.4 · 통일전5.2킬로미터)으로 내려간다. 소나무 냄새에 기분은 상쾌하고 대팻집나무는 꽃망울 맺었다. 잠시 네댓 명 앉을 수 있는 바위에 다리를 펴니 시야가 확 트였다. 소금강, 낭산, 토함산 가는 길에는 초록빛 나무들이 봄빛을 그려주고, 바람도 살랑살랑 귓불을 간질이며 계절은 역시 여왕임을 뽐내고 있다.

옥룡암 부처바위까지 50분 남짓. 학생들에게 열심히 설명하는 선생님은 문답식으로 관심을 유도한다. 공부도 저런 방식이면 얼마나 좋을까? 내려가려는데 길을 묻는다.

"감실부처는 다시 큰 길 따라 가야 됩니다."

"……."

해설자 한 분이 다가와 머뭇거리더니 감실부처 바위는 코끼리 다리 사이에 부처를 새긴 것이란다.

"……."

우리는 소금강 불굴사터 천진스런 불상을 보러 갔다. 차를 몰면서 코끼리 얘기가 사족(蛇足)이 아니길 바랐다.

열암곡 "5센티의 기적"과 노간주나무

점심이 부족할 것 같아 최부자집 요석궁 근처에서 김밥 몇 줄 샀다. 어느 해 겨울 저녁 이 집에서 저녁 먹곤 산책하는데, 그만 까불다 귀가 찢어져 밤새 응급실에서 고생했던 일이 선하다.

아침 9시 40분 가뭄이 심한 오월의 흙길은 먼지가 뿌옇다. 통일전, 남산리 석탑을 지나 칠불암 가는 들녘에 차를 댄다. 고위산 가는 길, 나무 그늘 시원해 콧노래 부르기 좋은 구간이다. 50분가량 오르면 칠불암인데 화장실 공사를 하는지 야단법석(野壇法席)이다. 염불 외는 소리, 합장에 기도하는 이들, 구경꾼들까지……. 야외에 단을 만들어 설법하는 자리에 사람이 많다보니 시끌벅적, 화장실 공사에 야단법석보다는 어수선하다고 해야겠지. 11시 20분경 내리쬐는 햇볕에 땀을 닦으며 바위길 올라 고위산으로 간다. 물통을 확인했더니 저마다 물이 부족하다. 정상에서 되돌아와 열암곡으로 가야하는데 걱정이 된다. 백운재 · 산정호수 삼거리 따라 고위산(高位山, 494미터)은 단숨에 올랐다.

"11시 30분이면 이른 시간인데 백운암까지 내려갔다 옵시다."

"……."

"가까운 거리니 오래 안 걸립니다."

권유와 설득으로 백운암 · 천룡사 가는 길 내려선다. 저 멀리 천룡사지 석탑과 틈수골 아래 푸른 들판이 펼쳐져 있다. 내려가는 바위 길이 험한지 한 사람은 더듬더듬 애를 먹는데 혹시 다칠까 염려된다. 물이 떨어져서 미안해도 어쩔 수 없는 일. 15분 내려가 백운암이다. 마당에 수돗물 채우며 입을 닦고 보니 치

술령이 눈앞에까지 왔다.

"점심, 고위산 정상이 어떨까? 배부르면 올라갈 때 힘들어 지쳐요."

"……."

같은 노선을 다시 오르는 길은 가깝고 멀던 간에 지루하다. 표정마다 피곤한 기색이 역력한데 바위에 앉아 땀을 닦는다. 세상 풍경이 즐겁고 산 위에서 맞는 바람 또한 신선하다.

그 옛날 진한 땅에 여섯 성씨가 있었는데 설 · 손 · 배 · 정 · 이 · 최씨. 이른바 육부촌이다.

"경주 설씨는 '우리나라에서 가장 역사가 오래된 씨족 중 하나'[18]입니다."

"……."

삼국사기에 설씨녀(薛氏女)는 미천한 민가의 딸이나 용모가 단정하고 행실이 반듯해 보는 이마다 흠모하면서도 감히 범접하지 못한다. 진평왕 때 늙은 아버지가 변경(邊境)을 지키러 가게 된다. 병든 아버지를 대신해서 그녀를 사모하던 사량부 소년 가실(嘉實)이 부역을 간다. 설씨녀는 은혜의 증표로 거울을 쪼개주지만 기약된 해가 지나도 돌아오지 않자 아버지 성화에 시집을 가는데, 신혼 전날 삐쩍 마른 사람이 나타난다. 거울을 맞춰보니 가실인줄 알고 눈물을 흘리며 백년해로 한다. 신라 설씨는 설서당 원효와 요석(瑤石)공주가 낳은 설총이 유명했다.

오후 1시 10분 백운재 조금 오른 갈림길에서 세갓골(2.4킬로미터)을 따른다.

"나뭇잎이 왜 다 젖었죠? 비 온 것도 아닌데……."

"진딧물이나 웅애류 배설물입니다. 수액을 빨아먹고 배설해 놓은 것입니다."

봉화대를 왼쪽으로 두고 20분 내려가면서 기린초와 앵초를 만난다. 앵초(櫻草)는 산지의 풀밭에 양지바르고 습한 곳을 좋아하는데 꽃은 벌써 졌다. 타원형 잎은 섬모와 표면에 주름이 있고 가장자리는 갈라진다. 봉오리가 앵두 같아

---

18) 성씨의 고향(1986.6 중앙일보사刊).

응애에 당한 신갈나무

앵초

서 앵초인데 동자꽃 비슷한 홍자색 꽃은 4월에 핀다.

오후1시 40분에 드디어 석불좌상이다. 등에는 이리저리 꿰맨 듯 거신광[19] 돌이 먼저 보인다. 단 아래쪽에 검은 비닐로 덮인 구조물이다. 저기가 넘어진 석불, 열암곡석불좌상은 통일신라시대에 만들어졌지만 어떤 연유에선지 산산조각 나버렸다. 2005년 등산객에 의해 불두(佛頭)가 발견되고, 2007년 발굴조사와 깨진 광배, 불두, 조각돌에 접합과 복원을 통해 대좌(臺座 불상을 올려놓는 대)에 안치된다. 그런데 이 과정에서 엎어진 대형불상이 발견된 것인데 열암곡 마애석불이다. 불상의 코가 암반에서 겨우 5센티 떨어져 해외통신은 "5센티의 기적"으로 불렀다. 학계에서 8세기 후반경 지진으로 넘어졌을 것으로 추정한다. 그나마 다행인 것은 바위에 부딪쳤더라면 박살났을 것이다.

"……."

"퍼즐 맞추기를 했네."

코가 없는 좌상에 대한 적절한 표현이다.

"……."

숨도 제대로 못 쉬고 땅속에 박혀 있으니 정말 애처로운 노릇이다.

"땅속에 엎어진 불상은 일으켜 세우면 안 될까?"

"여러 번 복원을 시도했지만 남산은 세계문화유산으로 지정돼서 어려움이

---

19) 부처나 보살의 온몸에서 나오는 빛(擧身光), 두광(頭光)과 신광(身光)을 아우르는 광배(光背)

열암곡 부처
“5센티의 기적”

많아요. 크레인을 위한 도로개설이 어렵고 헬기나 특수 장비를 동원한다해도 부러질 수 있어 현재로선…….”

“이건 돌이 아니야.”

천 년 넘도록 땅속에 엎어진 석불에게 다 같이 합장한다. 5백 미터 높이도 안 되는 남산이지만 크고 위대한 산이라는 것을 여기서 실감한다. 바위가 얼마나 널브러져 있었으면 열암곡(列岩谷)이라 했을까? 아직도 주변에는 많은 바위들이 있다. 세갓골 계곡 끝으로 보이는 들길이 인생의 여정처럼 구불구불 휘돌아 지나간다. 오후 2시 출발, 30분 동안 오르고 내려가는데 왼쪽 바위산 아래 칠불암이 그림 같고 바위와 소나무가 어우러져 감탄사가 나온다. 숲으로 뒤덮인 산길은 그냥 지나칠 수 없다.

“세상에 이런 길이 있었구나.”

“이런 데는 심호흡 한 번 하고 가야 해요. 배로 숨을 쉬어볼까요. 마실 때는 배를 내밀고 반대로 등가죽이 붙도록 숨을 빼줘야 합니다.”

고향의 잃어버린 동산 같은 예쁜 산길을 신나게 내려간다. 붉은 싸리 꽃이 한창이다. 쇠물푸레, 생강나무, 잔솔밭을 지나고 참나무 이파리마다 비 맞은 것처럼 모두 젖었다. 신갈나무 넓은 잎에 진딧물이 가득 붙어 진액을 빨면서 끈적거린다.

"참말로 비가 왔다고 하겠어요."

"……."

바짝 마른날이지만 소나무들은 이리저리 비틀려 바위에 뿌리를 박고 산다. 온 산에 바위뿐이다. 이 바위에서 터를 잡고 사는 나무들은 산전수전 다 겪은 듯 작은 키에도 엄정함이 배어있다. 누가 이들에게 나무라고 할 것인가? 생명의 존귀함이여. 아프리카의 성자 슈바이처는 모든 생명은 거룩해 희생돼서는 안 된다며 외경(畏敬)이라 했다.

"이곳은 소나무 전체가 고급 분재"라고 한다. 경주에 산다는 어떤 부부다.

"이런 나무는 신령이 깃들어 옮기면 죄받아요. 대번에 죽어버립니다."

"……."

소금강 보이는 경주시내 쪽이 절경이다. 넋을 놓고 있는데 갑자기 섬섬옥수[20]를 바늘로 찌르며 앙칼진 나뭇잎이 시비를 건다. 삐죽한 몸매는 나와 닮아 더 이상 문제 삼지 않기로 했다. 햇볕이 쨍쨍 내리쬐는 바위산에 호위하듯 쭈뼛쭈뼛 서서 흰 바위와 대조를 이룬다. 하늘 높을 줄 알았지 땅 넓은 줄 모르는 크리스마스트리 원뿔 모양의 나무다.

깊은 산중에 금슬 좋은 부부가 밭일을 하는데 갑자기 호랑이가 나타나 강보에 싸인 아기를 물고 가버렸다. 이들은 날마다 아기를 잃은 그 자리에서 피눈물을 흘리는데, 어느 날 속이 붉은 나무가 자라났다. 사람들은 애간장이 다 녹아내렸다고 해서 노간주나무라 불렀다. 측백나무 식구인 노간주나무는 석회

20) 가늘고 옥처럼 아름다운 손(纖纖玉手).

바위의 소나무

노간주나무

암 지대에 잘 자란다. 열매를 술에 개어 풍류를 즐길 만하고 중풍으로 손발이 마비된 데도 효과가 있다. 말린 것이 두송실(杜松實), 기름 내어 신경통 · 류머티즘에 바른다. 늙은(老) 가지(柯)에 열매(子)가 달린다고 노간주, 코뚜레나무라 한다. 양주(Gin) 원료로 학명이 주니퍼(Juniper)다. 소년시절 향이 좋은 주니퍼를 마신 기억이 새롭다. 보통 진(Gin)은 보리 · 귀리를 발효해서 노간주 열매를 살짝 넣어 빚고, 뱃사람 술인 럼(Rum)은 사탕수수를, 보드카(vodka)는 호밀 등을 발효시켜 자작나무 숯으로 걸러 무색이다.

계곡 가까이 내려오는 동안 이야기가 한참 다른 데로 새버렸다. 산비탈의 흙 흘러내림을 막은 6~70년대 심은 아까시나무는 제 역할을 다한 건지 늙어서 그만 힘이 없거나 말라 죽은 것들이 많다. 동남산 칠불암에서 2~3시 방향의 바위산은 대부분 소나무, 노간주나무 군락지다. 띄엄띄엄 아이들 종아리만큼 굵은 쇠물푸레도 만날 수 있지만 무더위에는 잎이 넓은 참나무 숲이 고마울 따름이다. 오후 3시 30분 차있는 데까지 왔다.

탐방길

• 용장골(금오산까지 3.4킬로미터, 2시간 30분 정도)

용장골 정류장 → (20분)바위계곡 → (30분)설잠교 → (20분)용장사터 → (10분)삼륜대좌불 → (10분)용장사지삼층석탑 → (20분)금오산·이영재 갈림길 → (10분)금오산 → (1시간 40분, 휴식 포함)삼릉 → (20분, 도보)용장골 정류장

• 절골(금오산까지 4.3킬로미터, 2시간 15분 정도)

감실부처 → (1시간 15분)포석정 갈림길 → (1시간)금오산 → (30분)삼화령 → (1시간 20분) 칠불 암·고위산 갈림길 → (10분)칠불암 → (1시간)동남산 마을입구

• 틈수골(고위산까지 2.4킬로미터, 1시간 20분 정도)

틈수골 버스정류장 → (10분)와룡동천 → (20분)천룡사터 → (20분)백운암 → (30분)고위산 → (30분)칠불암·고위산 갈림길 → (1시간 20분)통일전 갈림길 → (30분)금오산 → (10분)금송정 → (30분)배리삼존불

• 탑골(금오산까지 4킬로미터, 2시간 정도)

탑골 주차장 → (5분)마애조상군 → (20분)금오산·감실부처 갈림길 → (1시간 40분)금오산 → (10분)용장골 갈림길 → (1시간 30분)칠불암 → (1시간 30분)삼화령 → (20분)금오산 → (30분)옥룡암 갈림길 → (50분)마애조상군

*4~8명 정도 걸은 평균 시간(기상·인원수·현지여건 등에 따라 다름).

수난의 섬 강화 마니산

산딸나무 · 도토리거위벌레 · 강화도 · 마니산 · 소사나무
정수사 · 함허대사 각시바위 · 나문재 풀 · 강화도령과 봉녀

마니산 가려고 날만 잡아두면 비가 내리거나 안개 가득했다. 이번에도 역시 비 내리는 7월 주말. 어쩌랴 오래전 계획한 일이니 새벽 밥 먹고 거의 3시간 반 달려 초지진다리 건넌다. 비는 오락가락 안개도 몰려다닌다. 함허동천에 닿으니 10시 40분. 날은 덥고 잔뜩 흐렸다. 그나마 비가 멎은 건 천만다행이다. 계곡에는 장마철이라 물이 불어서 바위의 이끼마다 파릇파릇. 쪽동백 · 산사 · 느티 · 잣 · 산딸 · 때죽 · 신갈 · 밤나무가 어울려 살고 있다. 쪽동백과 때죽나무는 꽃 지고 제법 굵은 열매를 달았다. 길 왼쪽의 바위사이로 물소리 맑다.

앙증맞은 분홍색 좀작살나무 꽃도 한 몫을 한다. 산딸나무 꽃은 검은 숲에 확연히 눈에 띈다. 층층나무과, 쇠박달로 부르고 꽃말도 단단하다는 뜻. 열매는 딸기처럼 붉게 익어 산딸나무인데 맛은 별로지만 새들이 좋아한다.

"기독교 믿는 분?"

"……."

"그럼 다 불교."

"석가모니는 보리수나무 아래서 깨달음을 얻지만, 그리스도는 산딸나무 십자가에, 천주교도는 해미읍성 회화나무에서 죽었습니다. 행단(杏壇)이라 불리

는 은행나무 아래 학문을 가르친 공자, 향나무는 제사지내는 곳에 심어서 유교와 연관됩니다. 산딸나무 넉 장의 흰 꽃잎은 십자가를 닮아 기독교에서 신성하게 여깁니다."

"그렇구나."

떨어진 굴참나무 잔가지

11시 10분, 물 흐르는 바위길마다 굴참나무 이파리 많이도 떨어졌다.

"태풍이 불었나?"

"도토리거위벌레란 놈이 떨어뜨렸어."

"이런 벌레들은 잡아 죽여야 돼."

"……."

"꼭 나쁘지만 않아요. 열매를 솎아주니 참나무 해거리에 도움 될 수도 있어요. 주둥이를 모방해 인간은 천공기(穿孔機)도 만들었고……."

도토리거위벌레는 천공기(drill) 같은 주둥이로 도토리에 구멍 뚫어 한두 개 알을 낳는다. 열매와 잎이 달린 가지를 잘라 떨어뜨리면 일주일쯤 지나 부화된 유충은 도토리를 먹고, 20일 정도 지내다 땅속으로 들어가 겨울을 난다.

신갈나무 아래 세력이 약한 팥배나무, 생강나무. 연녹색 이파리 줄이 선명한 까치박달나무에서 갈림길이다(참성단1.6 · 함허동천1.1킬로미터, 왼쪽 정수사 · 참성단은 거리표시 없다).

30분 정도 올라 까마귀 소리 너머 소사 · 신갈 · 팥배 · 산딸기 · 산벚나무를 만난다. 바위에 잠시 앉아 땀을 닦는데 머리 위로 산벚나무 열매 버찌는 크다. 드문드문 산벚나무 굵은 것 보니 팔만대장경 재료로 이 나무를 썼다는 것이 실

감난다. 몽고의 침입으로 대장경은 강화도 선원사에서 제작돼 이후 해인사로 옮겨진 것으로 추정하고 있다.

정오 무렵 바위 능선에 서니 동막해수욕장, 서해 갯벌이 보인다. 안개에 약간 흐리지만 이만큼도 다행이다. 여기는 쪽동백 · 신갈나무가 우점종, 바위에 어우러진 소나무마다 오랜 세월 견딘 듯 구불구불 만고풍상(萬古風霜)[1] 모습이다.

강화도는 제주, 거제, 진도에 이어 네 번째 큰 섬으로 수난의 땅이었다. 고구려 · 백제의 접경지, 장수왕이 개로왕을 죽이고 위례성(서울 · 하남)을 빼앗자 고구려 땅이 되기도 했다. 몽고의 침략, 청나라 정묘 · 병자호란, 프랑스 병인양요, 미국의 신미양요 등에 항쟁했던 흔적이 곳곳에 남아있다. 양요(洋擾)는 서양인들이 어지럽혔다는 것. 1876년 병자년 강화도조약으로 일본에 나라를 빼앗긴 원인이 되기도 했다. 한강 · 임진강 · 예성강 아래 있대서 강도(江都) · 강하(江下), 지금은 강 아래 꽃피는 고을, 강화도(江華島)로 부른다. 바위 능선

1) 아주 오랜 세월 동안 겪어 온 많은 고생.

화강암은 마사토처럼 부스러지고 물푸레 · 진달래 · 팥배 · 윤노리 · 쉬나무 잎들은 두텁고 억세다. 바닷바람에 풍화된 것보다 오랜 세월 주변 강대국 침략에 더 많이 시달렸을 것이다.

12시 30분, 장마철인데 잠시 햇살이 하늘 보여주니 오늘은 행운이다. 중나리 꽃 붉은 발밑에 바다마을과 갯벌이 아득하고 내륙으로 분지를 병풍처럼 두른 퇴모산 · 혈구산, 참성단이 보이는 오른쪽은 석모도다. 바위 능선길 따라 팥배 · 신갈나무 군락지. 바위길 소나무 아래 쉬고 있다. 바람은 살랑살랑 불어서 시원한데 금방 안개 바람 밀려와 참성단을 가릴까봐 되레 걱정이다. 어느덧 시장기를 느끼는 시간이지만 뒤에 처진 일행들은 보이지 않아 기다리기로 했다.

김밥 몇 줌 먹고 오후 1시경 바위길 걷노라면 팥배 · 개옻 · 개산초 · 떡갈나무, 노박덩굴, 바위 사이에 하얀 꽃을 피운 꿩의다리는 안쓰럽다. 참성단 중수비 올라 1시 20분 마니산(摩尼山) 정상 472미터. 표지석 너머 참성단, 마니산은 표지석이 아니라 나무로 만든 표주목이다. 바위에 나지막한 팥배나무 잎이 미

마니산

마니산 정상

참성단

역줄나무처럼 생겼고 물푸레나무 이파리도 두터워 쉬나무로 헷갈릴 것 같은데, 참빗살나무, 소사나무들이 정말 많다.

"니(尼)가 무슨 글자입니까?"

젊은 내외가 묻는다.

"산, 비구니의 뜻입니다."

"그럼 비구니가 도를 닦은 산이네요."

"한자 뜻보다 원래 머리산이었는데, 마리, 마니산이 됐어요. 으뜸 산, 민족의 영산인 거죠."

참성단

천연기념물 소사나무

마니산 참성단은 단군이 제단을 쌓아 하늘에 제사(祭天)지냈던 곳이다. 원래 머리를 뜻하는 마리, 마리(摩利)산이었는데 갈 마(摩), 산 · 비구니를 일컫는 니(尼)를 붙여 마니산(摩尼山)으로 고쳐진 것. 나는 차음(借音)으로 생각한다. 참성단(塹星(城)壇)은 별 · 하늘 구덩이니 성안을 메워 만든 제단, 도교적 의미다. 바위 꼭대기에 돌을 차곡차곡 쌓았다. 백두산 · 한라산의 중간 명치지점, 기(氣)가 제일 센 곳으로 신라 원성왕 때 혈구(穴口)[2]라 해서 진영(鎭營)을 두기도 했다.[3] 그래서 강화약쑥이 명약으로 꼽힌 걸까? 매년 10월 3일 개천절에는 단군왕검에게 제사를 지내고 전국 체전 때 칠선녀를 뽑아 이곳에서 채화의식을 치른다.

저 멀리 남동쪽으로 이어진 산들이 한남정맥(漢南正脈)[4]일 터. 김포 · 부평 · 인천……. 그러나 강 건너 길게 솟은 마니산, 이 영산의 참성단을 소사나무가 지키고 있다. 150살 천연기념물이다. 서나무보다 작아 소서목(小西木), 소서, 소사나무로 바뀌었다. 해안, 섬 지방에 잘 자라 서해안에 군락지가 많다.

---

2) 산수의 정기가 응결된 곳을 혈(穴), 그 혈이 있거나 드나드는 곳. 뒷산에서 내려온 지맥(地氣)은 혈구 앞에 뭉쳐 있다.

3) 신증동국여지승람(강화도호부).

4) 한강 남쪽의 분수령. 속리산에서 가른 한남금북정맥이 안성 칠장산에서 한남 · 금북으로 갈라져 서북쪽으로 김포 문수산에 이르는 산줄기. 백운 · 석성 · 광교 · 청계 · 관악 · 문수산 등으로 이어진다.

자작나무과(科) 서어나무 속(屬). 오리나무도 같은 자작나무과지만 모양이 달라 헤어진 지 오래됐다. 민간에선 뿌리껍질[5]을 과로하거나 오줌이 신통찮을 때 술과 달여 먹었고 타박상과 종기에도 술과 찧어 붙이기도 했다. 서나무와 다른 점은 잎자루에 털과 잔가지가 많고 맹아력(萌芽力)이 좋아 분재로 많이 쓴다. 한편, 서(서어)나무는 서쪽에 잘 커는 나무(西木)에서 유래됐다. 개서나무, 까치박달, 소사나무 등이 사촌 간, 20미터까지 자란다. 회색껍질은 뱀의 근육처럼 으스스하다. 잎은 어긋나 긴 달걀 모양으로 가장자리 톱니가 있다.

바위 능선 길 올라왔던 구간으로 되돌아가는데 산 아래 빨강 · 하양 · 파랑색 지붕들, 초록 들판, 그 너머 회색 서해 갯벌이 파도 무늬로 아득하고 곳곳에 물길은 나뭇가지처럼 길게 뻗었다. 안개는 이리저리 몰려다니면서 저 멀리 섬들을 그렸다 지웠다 한다. 하늘엔 갈매기 대신 까마귀 울고 발밑으로 마을 개 짖는 소리 가까이 들린다.

오후 2시 10분, 갈림길(정수사0.7 · 함허동천1.8 · 참성단1킬로미터)에서 오른쪽 정수사로 내려선다. 잠시 숲길로 들어선 듯하더니 다시 암릉길. 땀에 젖은 옷 몇 번 말랐다 젖었다. 쪽동백 · 누리장 · 생강 · 산벚나무 이파리는 기세가 좋다. 신갈 · 팥배나무 지나서 오른쪽 바위길, 멀리 개펄 사이 물길은 그림처럼 선명한데 마치 나무뿌리 모양이다. 20분 정도 내려서니 산길을 막아선 바위는 거북을 닮았다. 정수사 0.7킬로 이정표가 잘못됐는지 내리막길 한참 가도 절집은 소식이 없다. 아마 1.6킬로일 것이다. 산수유 고목 여럿 만나고 분홍 꽃 좀작살나무를 보며 한참 내려오니 다시 정수사 0.5킬로미터 이정표다. 참나무시들음병에 걸린 신갈나무들 바라보며 오후 2시 45분 정수사. 퇴락한 절은 어수선한데 비목나무, 오래된 느티나무 몇 그루 길옆에 섰다.

5) 한방에서 대과천금(大果千金)이라 했다.

정수사는 신라 선덕여왕 때 지었다. 조선시대 함허대사가 다시 지은 것으로 전한다. 서쪽에 맑은 물이 솟아 정수사(淨水寺)라 했다.

정수사

법당 옆에서 보면 사람 인(人)자 맞배지붕으로 앞뒤가 다른데 나중에 덧붙인 것으로 알려졌다. 특이한 것은 대웅전 앞에 마루흔적이 있고 꽃 문살이 돋보인다.

함허대사(涵虛大師)가 누구던가? 여말선초 무학대사 제자로 수행 중에 찾아온 부인이 돌아가자고 애걸하지만 눈길 한번 주지 않는다. 기다리다 지친 부인은 그만 절벽에 몸을 던져 정수사 앞바다에 바위가 솟았으니, 사람들은 각시바위라 불렀다. 길상면 선두리 갯가에 가면 보인다.

내려가는 길은 지금부터 아스팔트다. 귀룽나무 그늘 아래 걸으니 까치박달 · 쪽동백나무는 어느새 굵은 열매를 달았다. 정수사에서 함허동천 가는 길을 두고 큰길로 잘못 내려섰으니 땡볕을 맞으며 걸어도 할 말은 없게 됐다.

"이 산은 바닷가 해발표고 제로지점부터 시작해서 내륙 7~800미터 수준으로 보면 얼추 비슷해요."

"……."

"다른 산보다 힘이 더 듭니다."

오후 3시 20분 함허동천 입구. 뒤에 오는 이들 기다리느라 거의 1시간 보냈다. 날은 더운데 모두 지친 표정 역력하다. 투덜거리는 일행들…….

분위기 반전을 위해 차로 5분 거리 고려 때 지은 전등사로 들어갔지만 걷기에 이골이 난 것 같다. 매표소에서 바로 되돌아 나와 광성보에서도 다들 지쳐 늘어졌다. 이번 강화여행 일정은 만사휴의(萬事休矣)[6]. 손돌 돈대만 겨우 보고 남은 여정은 포기하기로 했다.

"돈대(墩臺)는 평지보다 조금 높게 만든 진지인데……."

"이후부턴 여러분들 가고 싶은 데로 갑시다."

몽고 침략에 대항하기 위해 강화도로 수도를 옮겼을 때 쌓은 성(城)이 광성보(廣城堡)다. 미국과 신미양요 전투를 벌인 곳.

동막해수욕장 지나 길상면 선두리 갯밭마을 근처 횟집에서 목을 축이니 한결 나은 분위기다. 방파제에 어느덧 시원한 바람이 스쳐 서산에 걸린 해는 기세가 많이 꺾였다. 저녁 해는 낮게 드리워졌는데 갯벌은 온통 붉은 색. 빨간 풀, 그렇지! 나문재 풀이다.

"이쪽으로 모이십시오."

방파제에 쪼르르 앉았는데 서산낙조 저마다의 얼굴에 비쳐 모두 붉어졌다.

나는 긴 이야기를 늘어놓는다.

"때는 병자호란으로 거슬러 갑니다. 1636년 겨울, 청나라 대군이 쳐들어오자 무능한 인조는 남한산성으로 도망가고 강화도에 들어오려는 피난민이 김포 나루터 길게 뻗쳐 굶주림과 추위에 떨며 발을 동동 구릅니다. 이때 수십 척 배가 나타나 발버둥 치는 피난민은 버려두고 몇몇 여자들과 재물 궤짝만 싣고 갔죠. 누구였겠어요? 영의정 김류의 아들 김경징 일족입니다. 곧 오랑캐가 들이닥쳐 채이고 밟혀 끌려가고 바닷물에 빠져 죽은 아낙의 머리 수건이 물위에 둥둥 떠 다녔으니 참혹함은 말할 수 없었습니다. 그렇게 울부짖으며 '경징이, 경징이.' 하며 저주를 했대요. 이때 흘린 원한의 피가 붉은 개펄 꽃으로 피었는데 '경징이풀, 갱징이'로 부릅니다. 물에 쓸리면 핏물이 흐르는 듯……. 저주받

6) 모든 것이 헛수고.

나문재 풀에 내린 서해낙조

나문재 풀

솔깃한 일행들

을 김경징은 강화도 수비 책임자였습니다."

"……."

"오랑캐는 왜 겨울에 쳐들어 왔죠? 추운데."

"압록강이 얼었으니까요."

"……."

나문재는 개펄 등에 무리지어 사는 한해살이 풀. 어긋나는 녹색 잎은 잎자루가 없고 나중에 붉게 변한다. 8~9월에 꽃피고 어린잎은 나물을 해먹는다. 경징이풀 · 함초 · 칠면초 · 기진개 등으로 부른다.

다음날 새벽 안개비 맞으며 철종외가까지 걸었다. 파주염씨(坡州廉氏) 고택인데 고샅에는 첫사랑길 안내판을 붙여 놨다.

"봉녀와 강화도령."

강화도령으로 알려진 이원범은 서울에서 나서 자랐으나 역모에 몰려 강화도로 유배된다. 형과 19살까지 농사를 짓던 그는 왕족이 아닌 백성처럼 살 뻔했으나. 헌종이 젊은 나이에 갑자기 죽자 왕으로 끌려간다. 꼭두각시 왕이니 끌려갈 수밖에…….

이곳 외가의 담장, 우물가 길목을 걸으며 봉녀와 사랑을 나누던 강화도령은 왕이 된다. 그러나 사랑을 뺏긴 봉녀는 목 졸려 강물에 던져졌다고 전한다.

아침부터 비는 추적추적 내린다. 우산을 받쳐 들고 고려궁지에 차를 대니 주차할 곳이 마땅찮다.

"스티커 끊길라."

"……."

"스티커 끊고 여행하라는데……."

현수막에 강화 스티커 여행이라고 씌어있다.

"유적지 보는 데마다 스티커 붙여 준다는군. 스탬프 여행도 있잖아."

여기는 1232년 몽고의 침입으로 39년간 머물렀던 고려왕실이다. 왕실이 몽고에 항복했을 때 삼별초(三別抄)[7]의 배중손과 이곳 출신 김통정은 진도, 제주도로 옮겨 끝까지 항전했지만 여몽연합군에 모두 죽는다. 그러나 살아남은 이들은 멀리 유구왕국(오키나와)으로 가서 정착했다는 이야기가 있다. 2013년 오키나와에서 보았던 수막새[8]가 우리나라 것과 똑같았으니…….

7) 좌별초 · 우별초 · 신의군. 고려 고종 때의 특수부대. 최우가 야별초를 발전시킨 것.
8) 기와지붕 끝마무리에 썼던 수키와.

고려궁지에서 바라본 읍내

왕실관련 서적을 보관했던 외규장각은 병인양요 때 프랑스군이 불태웠지만 복원해 놨다. 그 당시 많은 서적과 문화재를 약탈해 갔는데 강화 동종도 가져가려다 워낙 커서 포기하고 다행히 이곳에 걸렸다. 진품은 강화박물관에 있다.

"성당이 왜 이렇게 많아?"

프랑스군과 내통했다는 이유로 강화읍민 3분의 2가 죽었고.[9] 천주교 박해 때 많은 순교자들이 효수(梟首)[10]당한 곳이어서 읍내에 성당이 많다.

빗길에 차로 골목길 나오니 용흥궁이다. 강화도령 이원범은 조정에서 데리러 왔을 때 역모로 죽은 할아버지, 큰형을 떠올려 잡으러 온 줄 알고 도망치는데 작은 형은 도망가다 다리가 부러지기도 했다. 철종이 된 후 그가 살던 초가집은 왕이 되었으니, 용이 흥했다 해서 용흥궁(龍興宮)이 됐다.

"여행의 기본은 체력 · 호기심 · 배려인데 여러분은 이번에 체력이 떨어지니 모두 부족했습니다. 체력을 키우려면 술을 좀 마셔야 해요. 뇌가 행동하도록 명령하니까……."

9) 역사산책(이규태).
10) 목을 베어 매달아 놓음.

탐방길

● **전체 5.2킬로미터, 4시간 40분**

함허동천 입구 → (1시간 20분)바위능선 → (1시간 20분)마니산 → (50분)정수사 갈림길 → (35분)정수사 → (25분)해안도로 → (10분)함허동천 입구

*10명 정도 많은 휴식과 느리게 걸은 평균 시간(기상·인원수·현지여건 등에 따라 다름).

미륵의 성지 모악산

금산사 · 진표 · 견훤 · 전봉준 · 수왕사

진묵대사 · 오목대 · 풍패지관 · 정여립

모악산(母岳山)은 전주 · 김제 · 완주에 걸쳐 있다. 정상 동쪽에 아이를 안은 어머니 모양의 "쉰길바위"에서 붙여진 이름이다. 백제의 애환이 서린 곳으로 옛날에는 큰 뫼를 상징하는 금산으로 불렸다. 1971년 도립공원으로 지정되었고, 백제시대 세워진 금산사가 있다. 조선말기, 일제강점기를 거치면서 원불교, 증산교 등 신흥종교가 이곳에서 탄생했다. 한때 대원사, 귀신사, 수왕사 등 무려 80여 개의 크고 작은 절이 있었다. 산기슭에는 모악산이 후천세계[1] 중심지라 믿는 신도들이 마을을 이루기도 했다. 백운동 · 동곡 · 용화동마을……. 특히 김제의 금평저수지 오리알터는 미륵이 내려와 용화세계를 만든다고 올(來)터가 변해서 된 것이라 한다. 풍운아 정여립, 천주교 박해로 흘러든 사람들, 동학혁명군, 전봉준, 강증산도 이곳을 스쳐갔다. 계룡산과 모악산에 새로운 종교가 모여드는 것은 미륵신앙과 풍수지리의 영향으로 본다. 정감록은 계룡산에 이씨를 대신할 정씨왕조가 열린다고 했지만 계룡산은 양(陽)으로, 어머니인 모악산은 음(陰)이기 때문에 선천(先天) · 후천(後天)이 양 · 음이므로, 이미 지난 양을 대신해서 모악산의 후천 기운이 돌아온다는 것이다. 계룡산과 더불어 민중 신앙의 텃밭으로 보면 국토의 자궁 위치로 알려져 있다.

1) 양반 중심의 세상이 끝나고 외세의 침략을 극복하여 억눌린 사람들이 대접 받는 세상. 자유와 평등이 보장되고 백성들이 바라는 풍요로운 사회가 온다는 사상.

미륵전

아침 6시 대구에서 출발했으니 모두 잠자는 것인가? 조용하다. 고속도로를 달리는 차창으로 넓은 들판이 활짝 열렸다.

"아침도 안 먹고……. 일을 이처럼 열심히 했으면 떼돈 벌겠다."

"돈보다 즐기는 것이 인생."

"어떻게? 품위 있게 즐깁시다. 다 같이 멋진 인생을 위해서……."

박수 소리에 호남평야를 지나 어느덧 일주문에 도착한다. 7월 초 아침 9시 흐린 날씨다. 배낭을 둘러매고 누리장 · 까마귀베개 · 벽오동 · 위성류 · 신갈나무를 뒤로 하고 걷는다. 모감주나무는 노란 꽃을 피웠다. 금산사(金山寺) 본당 미륵전은 나무로 지어진 3층 건물로 국보다. 삼국시대까지 불교는 교종이 대세였고, 나말 · 고려 초에 선종의 구산선문이 나타났다. 교종의 5교[2)]는 열반 · 계율 · 법성 · 화엄 · 법상종이었다. 이곳 출신 진표(眞表)는 금산사를 중심으로 법상종을 발전시켜 불교의 대중화에 힘썼다. 어릴 때 개구리를 버들가

2) 열반종은 무열왕 때 보덕이 경복사를, 계율종은 선덕여왕 때 자장이 통도사를, 법성종은 문무왕 때 원효가 분황사를, 화엄종은 문무왕 때 의상이 부석사를 중심으로, 법상종은 경덕왕 때 진표가 금산사를 근본도량으로 하였다.

심원암 갈림길
목이버섯
흰목이버섯

지에 꿰어 물에 두고 잊고 지내다 이듬해 봄까지 꿰인 채 살아 우는 것을 보고 참회하여 12세 때 금산사로 출가하였다. 미륵을 모신 까닭에 석가모니 대웅전 대신 미륵전이 있다. 귀족불교인 신라에 비해 백제 지역에서는 민중불교가 번창했다.

스스로 세상을 구원할 미륵이라 하여 견훤이 후백제를 세우나 아들에 의해 유폐된다. 노쇠한 견훤은 넷째 금강에게 자리를 물려주려 한다. 전장에 나가 패한 본처의 아들 신검·양검·용검이 미덥지 못했고 금강이 유능했다고 믿었다. 눈치 챈 신검이 이복동생 금강을 죽이고 견훤을 이곳 미륵전 지하에 가둔 뒤 왕위에 오른다. 탈출한 견훤은 왕건에게 가서 아들을 적이라 부르며 자신이 세운 후백제를 멸망시키게 한다. 권력은 부자지간도 뵈는 게 없다. 멀리 산도 잘 보이지 않는데 뒷산 실루엣이 모악산 정상이다. 금산사 경내를 둘러 거대한 미륵전의 장육불에 합장하고 삼·편백나무 숲을 지난다.

10시경 청룡사 갈림길(주차장1.2·연리지0.4·정상4.4킬로미터) 주변에 우산말나리, 하늘말나리는 하늘 보며 자란다. 잠깐 걸어서 줄기가 붙은 연리목(連理木). 가지가 붙어 있으면 연리지(連理枝)라 한다. 10분 더 올라 심원암 삼거리 지나 심원암 쪽으로 간다. 10시 35분 심원암 근처에는 비목·굴피·개옻·때

모악산 탑의 위용

죽나무. 산길 따라 오르는데 물봉선, 기생여뀌, 쥐똥나무를 만나고 길옆에는 상수리나무 그루터기에 목이버섯이 탐스럽게 자란다. 11시경 고려시대 세운 북강삼층석탑 갈림길(모악산 정상2.4 · 북봉1.3 · 심원암갈림0.5킬로미터)이다.

날씨는 흐려서 비올 듯하고 당단풍 · 신갈나무 아래로 조릿대 군락. 비둘기 웅크려 도무지 날아가지 않는다. 바위에 앉아 잠시 쉬는데 안개 속에 철탑이 흐릿하다. 철탑인지 송신탑인지 정수리를 박고 있어 산을 망쳤다. 능선을 바라보면 물 · 불 · 바람 삼재(三災)를 막아주는 어머니처럼 포근한 형세다(三災不入之地). 마름모꼴 중앙에 금산사가 있다. 모악산 중턱의 천일암(天一庵) 주변은 기(氣)가 많이 나오는 곳으로 명상수련을 위해 찾는 곳이기도 하다. 팥배 ·

사람주나무 지나 가파른 나무계단을 올라 두 번째 헬기장 북봉(정상0.6 · 매봉 5.9 · 금산사4 · 심원암2.4킬로미터)이다. 노린재 · 싸리나무 위로 여전히 산 정상은 안개, 밤나무꽃 냄새도 코끝을 간질인다. 봄에 오면 진달래 만발할 것이라 생각하며 5분 더 올라서 정상삼거리 720미터 지점(정상0.5 · 매봉2 · 금산사4.3킬로미터), 쪽동백 · 생강 · 팥배 · 신갈나무지대다.

정오에 어수선한 송신탑 철망을 돌아 모악산 정상 표지석(793.5미터). 멀리 덕유산, 지리산을 볼 수 있는데 느림보 일행들이 도착하지 않아 30여 분 동안 산 아래를 살펴본다. 우리나라 최대의 호남평야가 눈앞에 확 보일 것인데 어둡다. 금평 · 구이저수지, 전주 시가지는 흐리다. 모악산은 엄뫼에서 한자로 모악이 되었다. 어느 해 여름날 정상에서 바라보던 호남의 장대함이여. 내가 장대하다고 말하는 것은 호남이 민중역사의 현장이며 핍박에 시달린 항쟁의 구심점이기 때문이다. 민초들의 기개가 숨어있는 곳이다.

전봉준은 몸집이 작아 녹두라 불려 녹두장군이 된다. 가난에 시달려 순창 · 임실 등지로 떠돌아다녔다. 한약 · 풍수 · 택일 · 대필 등 여러 일을 했다. 고부군수 조병갑이 농민들을 강탈하자 이에 맞선 아버지는 맞아 죽고 백성들의 분노는 폭발한다. 1894년 탐관오리를 무찌르며 손화중 · 김개남 등 동학접주와 농민들이 주축이 된 10만여 동학혁명으로 확산된다. 한 달 만에 호남을 점령하자 조정에서는 외세를 끌어들인다. 뜻밖의 국면에 전봉준은 개혁안을 받아들이고 농민군을 해산시킨다. 호남에 한정됐지만 집강소를 통해 농민자치를 했다. 청 · 일 전쟁에서 이긴 일본에 대항하여 다시 전봉준은 함경남도, 평안남도까지 세력을 떨쳤으나 패하고 만다. 일본군에 넘겨져 41살에 처형된다. 서울로 압송되면서도 유혹을 뿌리친 그는 사람이 하늘인 세상을 꿈꾸며 반봉건, 항일의병의 원동력이 되었고 갑오개혁으로 이어졌다.

모악산 정상

모악기맥

흐릿한 완주방향 관광단지

"새야 새야 파랑새야 녹두밭에 앉지 마라. 녹두꽃이 떨어지면 청포장수 울고 간다."

녹두꽃은 녹두장군 전봉준을, 청포장수는 민중을 뜻한다.

산 아래 물빛이 금빛으로 번쩍이는데 모두가 금이다. 금산(金山)·금평(金坪)·금구(金溝)·김제(金堤), 나도 금, 아니 김(金)이다. 수왕사는 물왕이 절, 물맛이 일품이듯 산골짜기마다 물이 많았다. 물은 금을 낳으니(水生金), 저 만경강과 동진강, 광활한 호남평야의 푸른 생명은 그냥 이루어진 것이 아님을 저리도록 느껴보던 시절, 어느덧 7년이 훌쩍 흘러갔다. 병꽃나무 있는 왼쪽으로 다시 계단을 올라서 12시 40분경 갈림길(대원사2.1·정상0.4·주차장3.6·천일암0.5·마고암2.7·신선바위0.4킬로미터). 세 번째 헬기장 남봉에서 해를 머리에 두고 점심이다. 우리가 걸어갈 장군재는 1.4킬로미터(구이관광단지5.1·정상0.4) 거리. 오후 1시 30분경 출발해서 20분 지나 장군재 갈림길(배재1.1·정상1.8킬로미터)에 물푸레·신갈·떡갈·굴피나무를 만난다. 모악정은 위험구간 출입통제 구역이라 더 이상 갈 수 없다. 발길을 또 멈추게 하는 건 하얀 꽃을 흔들어대는 까치수염이다.

오후 2시경 배재 갈림길(청룡사1 · 화율봉2.5 · 정상2.9킬로미터), 고추 · 층층 · 박쥐 · 개산초 · 작살 · 산뽕나무, 터리풀 · 물봉선을 바라보다 어느덧 아스팔트로 포장된 청룡사길(청룡사0.3 · 금산사2.8킬로미터)이다. 팽나무 아래로 걸으면서 계곡 물길. 10분 더 내려와 탁족(濯足), 발바닥을 만지니 정수리까지 서늘해진다. 몸은 한결 가볍다. 오후 5시 10분 금산사 미륵전을 다시 둘러보며 오후 5시 30분 출발지점에 도착한다. 원점회귀 산행은 바깥쪽인 완주 구이, 전주 완산구 중인동, 모악산 안쪽의 김제 금산사 입구에서 시작하지만 대개 주차장이 넓어 대원사, 수왕사 쪽을 많이 이용한다. 대원사로 올라 상학능선으로 내려오는 데 4시간 정도 걸린다.

여름 휴가철 모악산관광단지로 올랐던 기억이 아련하다. 8월의 불볕더위에 뜨겁던 아스팔트 광장 지나 길을 걸으니 바위에 새긴 모악산 글자가 시원하다. 어제 칠갑산 산행으로 부여에서 하룻밤 자고 왔지만 소나무계곡 물소리에 피곤함도 잊는다. 11시 출발해서 대원사 · 천일암 갈림길까지 30분 거리. 물소리 너머 "자연은 당신을 사랑합니다." 안내판이 좋다.

걷기 편한 완만한 길인데 대원사 입구에서 물 마시고 잠깐 쉰다. 대원사 오르는 산자락에 묘가 있는데 전주김씨 무덤으로 알려져 있다. 앞에 저수지가 바라보여 목마른 말이 물 마시는 형국(渴馬飮水形)의 명당이라 불린다. 유골기운은 4대 지나면 동기감응(同氣感應)이 안 돼 발복이 쉽지 않다는 것이 풍수여론. 4대 봉사(奉祀)의 이유기도 하다.

햇살을 등에 지고 돌계단 따라 오르는 수왕사 길은 가팔라서 자꾸 뒤를 돌아본다. 정오에 수왕사(水王寺)다. "물 왕이 절", 호스에 물이 콸콸 쏟아지는데

수왕사

진묵조사전

진묵조사

물맛이 일품. 바위 사이로 흘러나오는 샘물(石間水)이 피부 · 위장병에 효험이 있고 선녀가 마시는 물이라 했다. 암자 수준의 허름한 절집이지만 요란스럽지 않아서 좋다. 산신각인줄 알았는데 진묵조사전(震默祖師殿)이다. 아! 진묵, 진묵대사는 조선 중기 술 잘 마시기로 유명했다. 술을 곡차(穀茶)라고 하며 선비들과 잘 어울렸고 성품이 호탕해서 성(聖) · 속(俗) · 유(儒) · 불(佛)을 아우르는 대인으로 소문났다. "하늘은 이불, 땅은 자리, 산을 베개 삼아 달빛은 촛불 되고 구름은 병풍이며 바다는 술통이라~"[3] 과연 이곳에서 인간세상을 바라보니 호탕하지 않을 수 없겠구나.

"나도 두주불사(斗酒不辭), 거절불가증(拒絶不可症) 있으니……."

"키 커서 대인은 맞다."

"……."

15분 더 올라 능선 갈림길 상학능선. 무제봉 지나 12시 30분 정상에 닿는다. 방송통신 시설이 막혀선지 날씨는 왜 이렇게 더운가? 여기는 난리를 피할 수 있는 터로 호남평야 젖줄의 시작이다. 이곳에서 발원한 물이 저 아래 수많은 저수지로 흘러들어 동진 · 만경강이 되는 것이다. 오후 1시 5분 수왕사 능선 분기점 10분 더 지나 소나기 한 줄기 아랑곳없이 비단길 갈림길, 두방마을 쪽으로 걷는다. 1시 45분 모악산 들머리 계곡에 앉아 점심 먹고 상학능선 갈림길 내려 김양순 선덕비를 지난다. 일제 강점기 독립 운동하던 사람들과 6·25 전쟁 때 굶주린 이들을 구해 주었다고 한다. 주차장엔 오후 3시인데 햇볕이 쨍쨍 내리쬔다.

일행들과 전주(全州)에서 하룻밤 잔다. 완산(完山)이라 불렀지만 통일신라시대부터 전주라 하였다. 완(完)과 전(全)은 온전하여 다 아우르는 의미다. 어젯밤 골목의 추억은 뒤로 하고 햇볕을 피해 오목대 마루에 앉아 역사이야기를 한다. 풍남동의 작은 언덕을 오목대라 하는데 아래는 전주천, 한옥마을, 한벽루 등이 있다. 고려 우왕 때 남원 운봉 황산에서 왜구를 물리치고 돌아가던 이성계가 잔치를 베풀며 뒷날을 암시한 곳이다. 개국 후 정자를 짓고 오목대(梧木臺)라 했다. 오동나무가 많은 언덕이라는 것. 시원한 바람 부는 정자에 앉아 "벽오동 심은 뜻은 ~" 한 수 읊는다.

---

3) 天衾地席山爲枕 月燭雲屛海作樽 大醉居然仍起舞 却嫌長袖掛崑崙.

김양순 선덕비

관광단지 등산로 입구

명나라 주지번이 여러 번 과거 낙방해 공부를 하는데 마침 사신으로 간 조선관리가 그곳에 묵었다. 비결을 알려주자 급제해 조선사절로 온다. 은혜를 갚고자 전라관찰사에게 현판을 써 주었다. 우리나라에서 제일 크다는 전주객사의 풍패지관(豊沛之館). 한고조 유방(劉邦)이 풍현(豊縣) 패읍(沛邑) 출신이었다는 데서 풍패라 했다. 왕의 고향을 이르는 말이다. 이성계는 함경도 출신이지만 선조가 전주 사람이다. 고조 이안사는 기생 문제로 다퉈 외가인 삼척으로 간다. 얼마 뒤 다투던 관리가 부임해 오자 간도로 이주, 원나라 다루가치(지방관)가 된다. 증조, 조부도 두만강 지역에서 원나라 벼슬을 했고, 부친 이자춘은 접경지 병마사가 되었다. 이성계는 아버지를 이은 동북면 병마사로 원나라·왜구토벌에 공을 세워 중추세력으로 등장했다. 특이하게 조선개국에 반대한 고려의 삼은(三隱)[4]은 경상도 출신들이다.

오목대에서 이파리 푸르게 덮인 나무계단을 내려오면서 빽빽이 들어선 한한옥들을 바라본다.

"저 많은 기와집에 누가 살까?"

"……."

"결국 자기 것은 하나도 없어."

"세상은 주인이 없다."

천하(天下)를 공물(公物), 나라는 백성들 아래 있다고 한 정여립의 주장은 프랑스·미국독립혁명에 영향을 끼친 루소에 버금가는 것으로 생각한다. 루소

---

4) 포은 정몽주, 영천(영일 정씨), 목은 이색, 영덕(한산 이씨), 야은 길재, 선산(해평 길씨).

오목대

느티나무와 한옥마을

는 사회계약론에서 사회는 구성원 동의 없이 체제 유지가 불가능하며, 합리적인 계약으로 모순을 바꾸면 빈부격차 등 다양한 문제해결이 가능하다고 보았다. 거꾸로 부자연스런 사회에서 시민은 노예가 된다는 것이다. 정여립은 원래 서인이었으나 동인이 돼 율곡을 비판한다.[5] 선조의 미움을 받아 낙향한 뒤에도 신망이 높아 찾아오는 이들이 많았다. 진안 죽도에서 대동계를 만들어 활쏘기 모임을 갖는 등 힘을 기르며 죽도선생이라 불렸다. 세력이 커지자 밀고 당해 아들과 죽도에서 자결한다. 반대파가 조작했다는 얘기가 있다. 이때 처형된 사람이 1천여 명, 동인이 몰락하는데 기축옥사[6]라 하고 전라도는 반역의 땅이 된다. 죽도가 있는 천반산은 다음으로 기약한다.

한옥마을, 전동성당, 풍남문……. 시내를 걸어 전라감영을 둘러본다. 녹두장군이 호남일대를 장악, 전주로 무혈 입성해 혁명지휘소를 차렸던 곳이다. 전라도 고을에 농민 자치 집강소(執綱所)를 설치하지 않았던가? 우리가 걷는 남문시장은 관군과 치열한 접전을 벌인 곳이다. 한 잔 기울이니 민초들의 함성이

5) 기대승 문하에서 과거 급제. 서인으로 이이와 성혼의 총애를 받음. 당파를 초월한 인재 등용을 건의하지만 여의치 않자 동인으로 옮겼다.

6) 송익필(宋翼弼 1534~1599). 자는 운장(雲長), 호 구봉(龜峯). 정철의 서인세력 막후 조정자로 기축옥사를 일으킨 인물로 알려졌다. *삼노팔리(三奴八吏) : 종 출신 세 집안, 아전 출신 여덟 집안. 삼노는 정도전 · 서기 · 송익필, 팔리는 동래정 · 반남박 · 한산이 · 홍양유 · 진보 이 · 여흥이 · 여산송 · 창녕서씨. 처음에는 종 · 아전이었으나 양반이 됐다는 데서 유래.

울리는 듯하다. 배고픔을 달래주던 조상들 애환이 깃던 막걸리, 손으로 쓱 닦으며 발길을 옮긴다.

나는 이곳 출신 정여립과 동학혁명의 연관성을 말하지만 시대 차이 난다고 한다.

"300년 동안 풀잎은 바람에 쓰러져 있었던 거지."

"그래서 질긴 생명의 풀, 민초다."

"단재 신채호 선생은 개혁가로 평가했어."

"……."

비빔밥 대신 나는 국수를 시켰다. 전주의 음식 맛은 최고다. 그러나 비빔밥은 이율배반적이다. 왕조의 뿌리가 남아선지 육회까지 얹어 이제 서민음식이 아닌 듯하다.

탐방길

● 금산사(정상까지 4.8킬로미터, 3시간 정도)

일주문 → (55분)청룡사 갈림길 → (5분)연리지 → (15분)심원암 삼거리 → (30분)북강삼층석탑 → (40분)북봉(제2헬기장) → (5분)정상 삼거리 → (25분)정상

● 모악산 관광단지(정상까지 3킬로미터, 1시간 30분 정도)

주차장 → (30분)대원사·천일암 갈림길 → (30분)수왕사 → (15분)상학능선 → (15분)정상

* 2~8명이 걸은 평균 시간(기상·인원수·현지여건 등에 따라 시간이 다름).

산줄기, 강줄기 바라보는 법화산

삼림 · 참나무 겨우살이 · 투금탄 · 다정가

한남군 유배지 · 점필재 차밭 · 상림숲 · 학사루 무오사화

함양 휴천면 문상마을은 오래된 느티나무가 지킨다. 큰길에서 조금 더 오르니 아래로 탁 트여 눈앞을 가린 것 없고 산 중턱에 터를 잡아 살만한 곳이다. 집집마다 아기자기한 마당이 좋다. 두부를 만드는 노부부에게 길을 물었더니,

"조금 더 올라가. 건강에는 등산이 최고야."

"나도 산을 좋아했는데 관절염 수술을 했어."

허리를 겨우 펴며 조심해 다니라고 일러준다.

11시경 등산로 입구다. 열병식 하듯 소나무는 줄을 섰고 2월 중순인데도 감태나무는 잎을 떨어뜨리지 못하고 봄을 기다린다. 소나무 껍데기에 붙은 이끼가 운치를 더해주고 있다. 솔잎 쌓인 나무 밑으로 겨우내 푸른 잎을 달고 추위와 싸운 알록제비꽃이 대견스럽다. 20분가량 오르니 시멘트 포장 임도 길이 가로 지르고 색깔 좋은 소나무 아래엔 씨를 뿌린 듯 어린 나무들이 빽빽하게 자란다. 마치 묘포장(苗圃場)을 방불케 하는데 그야말로 천연 갱신지(天然更新地)다. 자연 갱신과 같은 뜻. 사람의 손이 미치지 않고 저절로 다시 새롭게 이루어진 산림이다.

솔 향내를 맡으며 삼림욕하기 최적의 솔숲이라 기분 좋게 올라간다. 산림

산마을

마을 지키는 느티나무

은 단순히 산과 나무를 일컫지만 삼림(森林)은 나무가 위아래로 세 개나 있어 울창하니 빽빽할 삼(森), 이는 나무 · 산뿐만 아니라 온갖 동식물들과 생태계까지 포함하는 넓은 의미라는 것이 나의 생각이다. 바위에서 물 한 잔하기 위해 잠시 배낭을 내린다. 지금부터는 경사가 다소 급하고 햇살이 잘 들어오는 바위 구간인데 신갈나무들이 자란다.

눈 밝은 일행은 산꼭대기 보라고 눈짓하는데 새둥지 모양을 한 겨우살이가 푸른 기세를 자랑하며 달려 있다. 군데군데 떨어진 가지는 손수건에 끈적거리며 달라붙는다. 겨우살이는 전국적으로 드물게 자라고 겨울에 노란빛이 도는 녹색으로 참나무, 팽나무, 오리나무, 밤나무, 자작나무, 배나무 등에 기생한다. 여름에는 햇볕을 제대로 받지 못해 가만있다가 나뭇잎 다 떨어진 가을부터 자라 3월에 암수 딴 그루로 꽃 피고 노란 구슬 같은 열매를 주렁주렁 맺는다. 열매는 새들의 좋은 먹이가 된다. 씨를 싸고 있는 과육이 끈적끈적 점액질이라 나무껍질에 부리를 비벼 닦으면 접착제처럼 달라붙어 새들이 씨앗을 퍼뜨리는 셈이다. 혈압안정과 항암제로 쓰는데 렉틴(lectin) 성분은 종양세포를 소멸시켜 면역체계를 높이는 효과가 있다.

겨우살이

북아일랜드에서는 크리스마스 무렵 겨우살이 아래서 허락 없이 키스할 수 있다. 거부하면 불운을 겪는다고 한다. 어느 옛날 겨우살이 화살를 맞고 숨진 아들의 주검 위에 어머니는 눈물을 흘렸는데 그 눈물이 하얀 열매가 되어 상처에 놓으니 다시 살아났다. 감격한 어머니는 겨우살이 밑을 지나는 모든 이들에게 키스 해주겠다고 약속한다. 겨우살이는 사랑의 상징.

정오 무렵 능선길 올라서니 걷기는 쉬운데 잔설이 남아있어 군데군데 미끄럽다. 여기서 정상1.6 · 문정마을1킬로미터 남짓. 오늘 산은 풍요로움을 보여준다. 운지버섯, 노각나무, 겨우살이, 길 가장자리로 고사리 마른줄기 가득하고 능선길 소나무 가지는 여인의 몸매와 살결을 닮았다. 그래서 미인송으로 불렀구나. 볼거리 많으니 오늘은 운 좋은 날인가 보다. 부처의 보살핌인가? 진리(法)를 활짝 꽃 피우는(華) 것이 법화(法華). 처염상정(處染常淨)이라, 연꽃은 진흙에 뿌리를 내리고 있지만 결코 더러워지지 않으니 이산 기슭에서 숨 쉬다 간 선현들을 닮아 보기로 했다.

산벚 · 노각 · 굴참 · 물박달 · 물푸레 · 박달나무들이 저마다 눈바람에 서 있는데 잔설 얼어붙은 곳에서 그만 미끄러졌다. 낙엽 밑에 얼음이 있었으니 박달나무 찬바람에 껍질 벗겨지듯 허벅지가 아려온다. 오후 1시경 정상 가까이 왔는가 보다. 멀리 엄천(嚴川)강[1]이 구불구불 흘러가는데,

1) 엄천사 절집이 있어서 엄천강이라 부른 것 같다.

노각나무

구름버섯으로 불리는 운지버섯

"도대체 정상이 어디야?"

말 떨어지기 무섭게 헬기장에 닿고 곧바로 991미터 법화산(法華山) 정상. 함양 휴천면 금반 · 문정리 일대로 강줄기를 가늠하면 마천과 생초의 중간 지점이다. 산길 그대로 따라갔으면 지나칠 뻔 했지만 다행히 정상을 찾아 점심자리를 폈다. 엄천강 너머 멀리 지리산 줄기가 하늘에 닿아 있고 이 산 꼭대기 둘밖에 없다. 오늘 하루 산을 몽땅 전세 낸 셈이다. 옛날 산 아래 법화암(法華庵)이 있었대서 법화산이라 했다.

오도재 방향으로 10분쯤 내려가니 산불무인 감시카메라가 설치돼 있다. 360도 회전되는 카메라는 사방 1만여 헥타르를 사무실 안에서 들여다 볼 수 있고 영상의 확대 분석도 가능하다. 산불이 포착되면 초기 진화에 편리하지만 주변 경관과 잘 어울리지 못해 아쉽다. 오도재는 남해 · 하동의 해산물이 벽소령 · 장터목을 거쳐 오르던 통로였다.

헬기장을 지나 갈림길(오도재0.8 · 견불동2.9 · 정산0.7킬로미터)인데 한참 방향을 헤아려 보다 견불동으로 내려선다. 아직 남아있는 잔설과 나뭇잎을 밟으며 미끄러질까봐 조심해서 내려가는데 당단풍나무 이파리들은 그대로 달려

강을 바라보는 법화산

있다. 오른쪽 나무 사이로 오도재 도로가 보인다. 오후 2시경 나뭇잎에 감춰진 얼음을 모르고 꽈당 넘어졌다. 배낭을 짊어졌으니 망정이지 허리를 다칠 뻔 했다. 능선길 오르락내리락 30분 가까이 걸으니 펑퍼짐한 바위가 반갑게 맞아주는데 대여섯은 앉을 수 있을 만큼 넉넉한 크기다. 구불구불 지리산을 감아 도는 엄천강이 그림같이 흐르고 다락논밭들이 정겹다. 바위가 하도 좋아서 물 한 잔 마시며 먼 산 바라본다. 시원하게 내친 풍경에 감동하고 있다. 지금 행복한 순간, 행복은 우리 곁에 오래 머물지 않고 언뜻언뜻 찾아온다는 것을 느껴본다. 하늘도, 산들도, 나무도, 구름도, 새들도 모두 고맙다. 아름다운 풍경을 볼 수 있도록 좋은 자리를 허락한 평평한 바위가 오늘 산행의 백미(白眉)[2]다.

"일품바위라 부르자."

임도까지 30분 더 내려왔는데 소나무 숲도 절경이다. 아마 500년 더 된 소나무들이 있어서 정상에서 가까운 길 두고 멀리 돌아왔다는 투덜거림을 일거에 잠재울 수 있었다. 길가에는 고사리, 두릅나무와 소나무 숲 아래 간혹 춘란이 드문드문 보였다. 30분 더 걸어 휴천면 백연동인데 마을 어른에게 인사했더니 사람이 귀한지 어디 가느냐고 묻는다.

---

2) 흰 눈썹, 여럿 중에서 뛰어난 사람이나 물건.

쌓인 산길

멀리 지리산

"문상마을까지 갑니다."

맷돌을 돌리는 동네 할머니 곁에서 구경하고 있자니 손놀림이 예사롭지 않다. 도로 옆에 물레방아를 만들어 놓았는데 아직 얼음이 달려 있지만 햇살 아래 매실나무 가지를 다듬는 농부들이 봄이 왔음을 보여준다.

맷돌 만지는 할머니

고려 충렬왕 무렵 개성의 지방관(留守) 이억년이 벼슬을 버리고 함양으로 떠날 때 동생 이조년은 한강 나루에 전송하러 가는데, 도중에 금덩이를 주워 한 개씩 나눠 가진다. 배가 중간에 이르자 그만 금덩이를 강물에 던지고 만다. 아우에게 까닭을 물으니 금을 나눈 뒤부터 시기하는 마음이 생겨 버렸다고 했다. 형도 같은 감정을 느꼈다며 마저 던져 버린다. 뒷날 이 나루터 주변[3]을 투금탄(投金灘)이라 불렀다.

이백년 · 천년 · 만년 · 억년 · 조년의 성주 이씨 다섯 형제 가운데 이억년은 형 백년과 지리산 문정리 도정마을에 은둔하는데 맏형 이백년에서 비롯되어 백연마을이 된다. 봄날 형을 찾아와 지은 작품이 이조년의 다정가로 알려졌다.

이화(梨花)에 월백(月白)하고 은한(銀漢)이 삼경(三更)인제,
일지춘심(一枝春心)을 자규(子規)[4]야 알랴마는,
다정도(多情) 병(病)인 양하여 잠 못 들어 하노라.

아스팔트길을 걸어 고불고불 오르며 오후 4시경 400년 묵은 느티나무 있는 곳에 도착하니 바로 앞에 종중묘소가 좋다. 거꾸로 마을 올려다보면 고즈넉해서 마음이 편안해진다. 죽은 자와 산 자들이 공존하는 명당 터다. 오늘은 5시

3) 서울 강서구 가양동 구암공원.
4) 두견이, 접동새, 소쩍새.

백연마을 물레방아

간 반 걸었다.

바로 앞에 한남마을, 엄천강 건너 새우섬이다. 세종의 열여덟 왕자 중 열두째 한남군 이어(1429~59)가 2년 남짓 살던 모래섬이 새우처럼 구부러져 외부와 단절된 유배지다. 조선 말엽 유림들이 정자를 지었으나 일제 강점기 홍수에 쓸려 바위 귀퉁이 글자만 남았다. 서자(庶子)[5]인 한남군(漢南君)은 금성대군과 단종복위로 금산에 유배. 아산을 거쳐 이곳으로 옮겨 위리안치(圍籬安置)[6] 된다. 단종을 못 지킨 죄책감, 어머니 혜빈 양씨(楊氏)의 비참한 죽음, 언제 죽을지 모르는 불안감, 열흘에 한 번 주는 곡식으로 살며 닥쳐올 운명과 악몽에 시달리다 서른 즈음 죽었다. 일개 권력욕에 수많은 사람들이 비명에 갔다.

자동차를 달려 내려오다 점필재 김종직 관영차밭에서 목민관의 사명을 다시 생각한다. 함양에 차가 유명한데 초엽인 첫 잎은 따서 임금에게 바쳤고, 중

5) 첩에게서 난 아들.
6) 가시울타리를 만들어 죄인을 가둠. 탱자나무 많은 전라도 섬이 적지였음.

엽은 부모에게, 말엽은 남편을, 늙은 잎은 봉지에 담아두었다가 약으로 썼다. 진상하는 차를 구하기 위해 백성들 고통이 심한 것을 알고 관청에서 차밭을 운영해 시름을 들어주었던 것이다. 읍내로 나오면서 상림 숲 앞 대학 후배의 가게에 들러 차 한 잔. 늘 밝은 표정으로 맞아줘서 함양과 상림에 대한 나의 관심은 남다르다.

점필재 차밭

어느 해 5월, 사람들이 많아 일행은 두 갈래로 나눠 우리는 평지인 상림 숲을 두고 최치원 길을 따라 오른다. 뙤약볕에 날은 덥다. 읍내가 잘 보이는 곳, 좌청룡우백호(左青龍右白虎) 뚜렷한 한남군 묘다. 그냥 지날 수 없어 한 잔 올리고 간다. 엄천강 새우섬에서 죽은 시신을 이곳으로 옮겨왔다. 지조와 절개를 기려 휴천면 강기슭의 동네를 한남마을로 부른다. 햇볕이 내리쬐는 산길 찔레 · 아카시아 · 개망초 꽃이 하얗고 40여 분 만에 산불감시 초소, 읍내가 한눈에 들어 찔레향기도 코를 찌른다.

산길은 어느덧 소나무 사이 파란 대병 연못을 보여준다. 참 시원하다. 1시간 넘게 걸려 물레방앗간에 이르니 그야말로 사람의 공교로움으로 만든 우리나라 최초의 인공 숲이다. 물레방아는 청나라 사신으로 다녀온 연암 박지원이 열하일기에 소개했는데 안의현감 시절 안심마을에 처음 물레방아를 만들었다.

초록을 한껏 자랑하는 상림 숲은 최치원이 함양태수로 있을 때 조성한 것. 당시 위천은 홍수피해가 심해 둑을 쌓고 물길을 돌려 나무를 심었는데, 예전에 대관림(大館林)이라 불렀으며 아래쪽에 있던 하림은 없어지고 상림만 남아 천연기념물이 됐다. 20헥타르 규모에 수백여 종 식물이 자라서 마치 계곡의 천연

상림숲

때죽나무 꽃

상림 물레방아

자연을 연상시킨다. 때죽 · 이팝 · 노린재 · 층층나무 꽃이 만발하고 숲을 따르는 걸음이 가볍다. 약수터에서 물을 채워 최치원 신도비 앞에 잠시 한숨 돌린다. 사람주 · 개서어 · 나도밤 · 윤노리 · 병꽃나무……. 광장 주차장에서 큰 식당 중간 길을 올라 최치원 길, 상림 숲으로 다시 돌아오는데 2시간쯤 걸렸다.

상림 숲의 뱀을 보고 마음이 상한 어머니를 위해 최치원이 도술을 부려 이 숲에는 뱀이 없다고 전한다. 공원입구 생초 댁을 만나려다 함양초등학교 앞으로 간다. 학사루에는 역광이 비쳐 눈이 부신다. 여기는 당시 군수였던 김종직이 누각에 걸린 남원출신 유자광 편액을 내리면서 무오사화(戊午史禍)[7]의 발단

7) 1498년(연산군 4) 김일손 등 신진사류가 유자광 중심의 훈구파에게 화(禍)를 입은 사건. 사초(史草)가

학사루

한남군 묘

이 된 곳이다. 김종직 문하 사관(史官)으로 죽음을 당한 김일손이 나의 27대조다. 최치원이 누각에 자주 올랐다 하여 학사루라 불리었고 통일신라 때 지은 것이라 한다. 지방관들이 시를 짓고 심신을 달래던 곳으로 숙종 때 증축을 거쳐 70년대 후반 현재 위치로 옮겨지었다.

최치원 · 김종직 · 김일손 · 정여창 · 박지원 등 선비들의 자취가 산천마다 햇볕처럼 내리쬐었던 함양. 경상우도 사림의 중심지였기에 얼마나 많은 상처가 남은 영광이었던가? 그래서 권력은 늘 불안하다. 영원할 것 같지만 비참하게 사라지는 것. 복종과 지배를 위해 살아가는 도시의 전쟁터를 향해 달린다.

발단이 된 첫 번째 사화이다.

탐방길

● 전체 6.5킬로미터, 5시간 30분 정도

문상마을 → (20분)임도길 → (40분)능선길 → (20분)법화산 정상 → (1시간*점심휴식포함) 오도재 조망지점 → (30분)전망바위 → (30분)임도 → (30분)백연동 → (30분)문상마을

* 함양 상림숲(최치원길 연계) 2시간 정도 걸음(기상·인원수·현지여건 등에 따라 다름).

동백꽃 피는 선운산

송악 · 초파일 연등 · 선운사 보은염

도솔암 마애불과 동학 · 동백꽃 · 꽃무릇 · 정읍사

초파일 3일 연휴가 되어선지 고속도로에는 차들이 밀려 주차장이다. 성산 나들목에서 내려 국도길 합천 묘산쪽을 달리면서 낯선 절집으로 올라간다. 나지막한 산 아래 보상사(普祥寺), 평범한 사람들이 가기 좋은 곳, 절 입구에 정말 보통스러울 정도로 아늑하다. 칠성각에 기와를 얹었을 뿐, 슬레이트집에 부처를 모셨는데 대웅전이다. 연등 아래 촌부(村婦)들이 연신 굽실거리며 합장 한다. 공양간에는 사람들 몇 안 되지만 콩나물, 고사리, 시금치 무침을 곁들인 비빔밥이 시골 맛이다.

절집을 나선 일행은 국도보다 못한 고속도로를 달려 광주, 장성, 고창으로 향한다. 두 시간쯤 왔으니 해는 서산에 걸렸고 고인돌휴게소다. 선운사 입구에 연등이 주렁주렁 달렸고 초파일이라 입장료를 받지 않는다. 복분자, 산나물 파는 노점상이 줄줄이 난전[1]을 폈는데 사투리가 정겹다.

절 입구 난전

---

1) 난전(亂廛) : 임시로 벌여놓은 가게.

"고창 복분자네요~."

"머시(머위) 따서 쑤은 것이여~"

"……."

개울 건너 왼쪽으로 안내판이 선명한 천연기념물 송악이다. 상록활엽수 두릅나무과로 아무데나 잘 자라는 아이비, 사철나무 잎처럼 두껍다. 생육한계 지역이다. 소가 잘 먹는대서 소밥나무라 하고 줄기와 잎을

천연기념물 송악

찧어 먹으면 각혈을 멈추게 하는 효과가 있다. 절벽을 따라 위로 올라가면서 뿌리를 내렸는데 신기한 듯 구경꾼들이 서 있다. 어떻게 바위꼭대기까지 바짝 올라갔을까? 구경하는 민망스런 치마들도 허벅지 위로 한껏 올라갔다. 골짜기를 끼고 층층나무 꽃들이 하얀 자태를 뽐내고 있으니, 나그네는 더 이상 짧은 치마들에게 눈길을 주지 않는다. 천박한 하의실종은 무색해야 한다.

으스름 내리면서 초파일 연등이 물빛에 비쳐 일렁이고 한복을 곱게 차려입은 여인들이 연등처럼 환하다. 애초에 부처는 자비를 베풀라 했거늘 너나없이 현세의 복을 구하고 있으니, 도대체 복이 얼마나 있어야 채워줄 수 있을까? 대웅전 아래 붉은 연등이 자비와 광명의 빛을 밝히고 절집은 더욱 경이롭다. 미끈한 배롱나무 가지에 걸린 붉은색 사각 등도 잘 어울린다.

사방으로 에워싼 산속에 검은 듯 붉은 색 물감이 번져가는 산사의 저녁은 한 폭의 동양화다. 합장한 그대들은 천 길을 달려온 고달픈 사슴들……. 저녁 공양간으로 따라가니 관광객 출입금지라 씌어있다. 오늘 하루만이라도 세속을 불문하고 마당에 나물밥을 내놓으면 얼마나 좋을까? 베푸는 것이 자비 아닌가?

"어따 겁나게 맛있어 버러~ 잉."

"……."

넉살좋은 일행이다. 배를 잡고 웃는데 한술 더 떠 김과 간장을 시켰다. 음식이 싱거운 이유는 간장이 있기 때문이라는 걸 알겠다. 선운사는 백제 위덕왕 때 검단선사(黔丹禪師)[2]가 세웠다 전한다. 절터는 원래 큰 못이었는데 연못을 메우자 눈병이 심하게 돌았다. 그런데 숯을 부으면 씻은 듯 나았다. 너도나도 숯을 넣어 못을 메우고 절을 세우니, 절에서 소금 만드는 것을 가르쳐 주었고 보답하기 위해 사람들은 소금을 바쳤는데 이때부터 보은염(報恩鹽)이라 했다. 소금이 좋아선지 오늘 먹는 간장 맛이 제일 좋다. 산사에 어둠이 더할수록 물빛에 연등은 아롱아롱 비친다. 저녁 8시경 심원면 소재지 갯가로 차를 몰고 나갔지만 잘 곳이 없다. 고창읍내까지 이리저리 헤매다 밤 10시 홍복마을 한적한 시골에 겨우 방을 잡았다.

아침 8시 산사를 비껴 숲 향기 따라 왼쪽으로 올라간다. 추사가 썼다는 부도 밭 백파선사의 비문을 뒤로하고 층층나무, 참나무 평평한 아름다운 숲길 따라 걷는다. 도솔 휴게소까지 20분, 도솔암이 여기서 2.3킬로미터. 벌레 한 마리 팔에 떨어져서 꿈틀거린다. 물소리와 목탁소리 어울려 좋은데 하필 차 다니는 길과 사람 다니는 길을 구분해서 보행자에게 빙글빙글 돌도록 했을까? 뒤에 따라오는 노신사 한 분이 "입장료 받으면서 도립공원 지정만 해 놓고 길 잘못 만들어 불편하게 한

갈옆에서 만난 소나무

2) 백제 위덕왕(威德王 서기577년) 때 승려, 심산유곡 동굴에서 초근목피와 계곡물로 허기 달래며 수도에 정진. 검은 얼굴을 빗대(검을 검黔) 검단선사로 불렸다.

선운사 숲길

다."고 투덜댄다. 지명 이름을 가진 600살 장사송(長沙松) 소나무가 보기 좋게 서 있는데 뒤로 진흥왕이 수도했다는 하얀 바위굴(진흥굴)이다.

여기서부터 약간 오르막, 도솔암까지 뜨거운 햇빛이다. 한쪽으로 물러선 잘 생긴 절 마당에 재(齋)[3]를 올리려는지 행상과 만장 등 불구(佛具)[4]를 옮기는 승려, 보살 모두 부산하게 움직인다. 암자 마당에서 물통을 채운다. 철원 심원사와 함께 이곳은 기도발 잘 받는 곳으로 지장기도[5]를 하는 천도재(薦度齋)[6]로 유명한 곳이다. 도솔암 옆으로 고려시대 만들어진 우리나라 최대의 붉은색 마애불을 만난다. 우람하고 도발적인 지방호족의 인상을 닮은 불상 명치에 검단이 쓴 비결을 넣었다는 감실이 보인다. 조선말 전라 관찰사 이서구가 감실을 여는 순간 뇌성이 일어 그대로 닫았는데, 책 첫머리에 "전라감사 이서구가 열어 본

3) 명복을 비는 불공.
4) 부처 앞에 쓰는 온갖 제사 도구.
5) 지옥에서 고통 받는 중생을 구원하는 지장보살(地藏菩薩)에게 하는 기도.
6) 영혼을 극락으로 보내기 위한 불교의식. 49재, 100일재 · 소상 · 대상 등이 있다. 사람이 죽으면 7일째 되는 날부터 49일째까지 매 7일마다, 그리고 100일째, 1년째, 2년째 되는 날 모두 합해 10번 명부시왕에게 한 번씩 심판 받는다고 함. 특히 49재를 중요시하는 것은 명부시왕 중 지하 왕으로 알려진 염라대왕이 심판하는 날. 그래서 49재만큼은 꼭 치렀다.

도발적인 마애불

초파일 불구(佛具)

도솔천 오르는 길

다."는 글이 씌었다고 전한다. 비결은 동학접주 손화중이 가져갔는데, 비결이 세상으로 나오는 날 한양이 망한다 했다. 허무맹랑한 것 같지만 얼마나 시대가 혼란했으면 대체 이런 일이 벌어졌을까? 고창은 동학혁명의 시발지로 전봉준 장군과 손화중 대접주의 활동무대였다. 마애불 위쪽에 닫집[7]인 보호누각 흔적을 볼 수 있다.

9시 넘어 가파른 365개 돌계단을 지나 내원궁(內院宮) 도솔천 맨 꼭대기까지 올라갔으나 바위 위로 못 가게 목책을 가로 쳐 놓았다.

"……."

"멋대로 길을 함부로 막아놨어."

궁시렁거리는 소리에 뒤돌아보니 또 만났다. 아래쪽에서 따라오던 노신사였다. 그대로 갈 수 있지만 다시 도솔암으로 내려서서 휴게소 옆으로 올라간다. 천마봉0.4 · 낙조대1킬로미터 거리다. 소나무, 참나무, 층층 · 사람주 · 물

7) 집의 처마 같은 구조물(고구려 벽화 머리 위 양산을 산개(傘蓋), 불교 · 힌두교 사원의 머리에 천으로 된 화려한 장식을 보개(寶蓋). 산개 · 보개가 건축화 되어 닫집으로 나타났다. 양산이 기원이다).

천마봉에서 바라본 선암산, 멀리 선운사. 바위 오른쪽 도솔암

푸레 · 산가막살 · 생강 · 팥배나무 하얀 꽃들……. 가파른 철 계단 지나 오르려니 힘들고 땀이 솟는다. 건너편 마애불상의 윤곽이 더욱 또렷한데 민중의 외침이 들리는 듯하다. 조정의 수탈과 외세에 저항하여 수운 최제우가 백성을 구제하려 창시한 민족종교가 동학이다. 천주교 서학의 반대다. 수운이 잡히자 2대 교주 최시형은 태백산 · 평해 · 죽변[8] · 영해 등지에서 저항하며 불태워진 동경대전(한문 경전), 용담유사(서민 한글 교리서)를 펴냈다. 유불도(儒佛道)와 인내천으로 민중의 환영을 받았으나, 1894년 동학농민운동 이후 탄압받아 3대 교주 손병희 때 천도교로 바뀌었다.

9시 40분 천마봉 284미터 바위산에서 5분쯤 더 오르면 낙조대다. 일망무제 낙조대에서 고창 읍내와 멀리 서해가 흐릿하다. 낙조대 바로 아래로 무슨 촬영지라고 팻말이 붙어 있다. 바위산에 철쭉 · 마가목 · 쇠물푸레 · 노린재나무를 지나 국사봉(견치산)으로 간다. 10시 10분경 대나무 길에서 무슨 연유인지 노신사를 세 번째 만났다.

8) 최제우 선생의 가족을 돌보며 떠돌아다녀 여기서 최보따리로 불렸다.

수리봉에서 바라본 서해안

"선생님 참 인연입니다. 조심해서 가십시오."

"……."

산길에는 온갖 나무, 새소리, 꽃향기들이 바람 타고 날아와 코끝을 간지럽힌다. 국사봉(346미터, 견치산)에 닿은 것은 10시 30분, 두 번째 왔다. 이정표 없어서 수리봉 갈림길 내려갔다 다시 올라온 것이다. 또 갈림길에 섰지만 수리봉(도솔산) 2.3킬로, 1.6킬로미터 두 개의 표지판 중에서 어느 것이 맞는지 몰라 지도를 꼼꼼히 살피며 간다. 한참 헤매던 산길, 나무 그루터기 쓰러져 길은 아득하고 우왕좌왕해도 산딸나무 꽃이 환하다.

11시에 도솔산 수리봉(336미터), 줄포만 조망이 좋고 산마다 팥배나무 꽃이 만발하다. 다른 길로 간 일행에겐 1시간 늦은 12시까지 선운사에 도착한다고 문자메시지를 보냈다. 참당암을 포기하고 마이재까지 갈림길(석상암0.8 · 수리봉0.7 · 경수봉2.2 · 심원면2.5킬로미터) 20분가량 걸렸다. 키 큰 나무를 지날 때마다 모자 한 번씩 벗어 벌레를 털면서 내려간다. 선운산은 원래 도솔산(兜率山)이었으나 선운사가 유명해지면서 이름이 바뀌었다. 경수봉, 견치산 등이 솟아

선운사 천왕문

선운사 경내

크게 높지 않지만 호남의 내금강이라 불린다.

내려오는 산길 숲 냄새가 좋다. 세상에서 제일 좋은 냄새 딱 두 개 있는데, 아이 냄새와 숲 냄새라고 생각한다. 숲을 찾는 시간만이라도 다섯 티끌(財・名・食・睡・色)을 떨치면 탐욕에 찌든 정신이 맑아지고 상처 받은 영혼도 치유될 것이다. 일찍이 애드워드 윌슨[9]은 본성(本性)에 숨어있는 생명과 자연사랑(Biophilia)을 통하여 산과 공원 같은 자연 속에서 참된 인간성이 만들어진다고 하였다.

11시 40분경 다시 선운사에 들러 동백나무 천연기념물 숲을 만난다. 대웅전 뒤로 병풍처럼 둘러져 있는데 500년쯤 되겠다. 선운산 동백은 4월이면 홍등을 켠 듯 아름답다. 동백 꽃말이 신중, 기다림, 고결한 사랑 등등 많기도 하지만 시들기 전 통째로 떨어지므로 나는 자존심을 위해 기꺼이 목숨을 버리는 거룩한 꽃이라고 생각한다. 피는 시기에 따라 춘백(春栢), 추백(秋栢), 동백(冬栢)으로 불린다. 선운사 동백은 춘백으로 키 5~6미터, 3~40센티 굵기인데 우리나라 최북단 군락지다.

선운사는 동백꽃으로 유명하지만 정작 처서(處暑) 지나 찬바람이 불면 꽃무릇 붉은 꽃이 핀다. 꽃무릇은 수선화과의 여러해살이풀로 만날 수 없는 애절한

9) 1929년 미국 출신 하버드대 교수, 학생들과 끊임없이 공부했고, 좋은 글을 쓰기 위해 작문 수업을 받기도 했다. 저서로 인간 본성에 대하여, 개미, 사회생물학, 자연주의자, 생명의 다양성 등이 있다. 전문적인 지식을 쉽고 간단명료하게 표현한 최고의 생물학자로 이름났다.

동백나무

꽃무릇

상사화

화엽불상견(花葉不相見)으로 꽃이 지면 잎이 나온다. 잎이 지고 꽃 피는 상사화와 헷갈리지만 꽃 무릇은 자줏빛인데 상사화는 연보라나 노란색이다. 꽃피는 시기도 상사화는 7월 말, 꽃무릇은 9월 중순경이다. 우아한 연꽃과 달리 화려한 색깔이 절집과 어울리지 않을 것 같지만 단청할 때나 탱화에 꽃무릇 뿌리를 찧어 바르면 독성이 있어서 좀이나 벌레가 생기지 않는다. 꽃말은 이룰 수 없는 사랑으로 꽃과 잎이 만나지 못한 것처럼 옛날, 처녀에 반한 스님이 시름시름 앓다 죽은 자리에서 피어난 꽃이라 한다. 꽃송이를 들여다보면 긴 속눈썹을 치켜 올린 듯 한껏 치장한 모습이 요염하고 화려하지만 어딘가 외롭게 보인다. 어쨌든 최대의 꽃무릇 군락지다.

12시경 주차장으로 다시 돌아왔으니 4시간 조금 넘게 걸린 셈이다. 공기 세척기에 등산화 먼지를 털고 화장실에서 땀에 젖은 옷을 갈아입었다. 부안면 소재지까지 잠시 달려, 점심으로 꽃게 정식. 어떻게 된 일인지 왔던 길로 다시 오게 됐다. 선운리 도로 이정표에 상하, 정읍 · 흥덕이 표시되어 있다. 그렇지, 서울 형수님 고향이 근처구나. 고창군 상하면 송곡리, 복분자 원액의 알싸한 그 맛을 여기서 다시 느낀다. 고속도로를 찾는 길에 안내판이다. "손화중 피체지." 붙잡힌 곳이라 하면 될 것을 굳이 피체(被逮)지라 하는가? 윤동주 시인이 비교되므로 인촌[10] 김성수(金性洙) 생가만 들러 나왔다. 1880년대 그의 할아버지로부터 지은 본채에 딸린 아래채가 여럿 있어 호남 토호의 집으로 알려졌다.

---

10) 고창 출신(1891~1955), 아버지 유산으로 호남의 거부로 일컬음. 동아일보, 고려대, 삼양사, 경방 설립자로 부통령을 지냈다. 친일반민족행위자로 알려짐.

호남고속도로 정읍을 달린다. "행상하는 남편이 돌아오지 않자 밤길을 걱정하며 안타까운 마음을 나타낸 노래가 정읍사, 한글 기록으로 가장 오래된 백제가요입니다."

정읍사(井邑詞)에 대해서 사설을 늘어놓는데,

"남편이 행상 안 하니 걱정할 일 없다."

"……."

"달하 노피곰 도다샤 , 어긔야 머리곰 비취오시라, 어긔야 어강됴리, 아으 다롱디리."[11]

탐방길

● 전체 8.1킬로미터, 4시간 25분 정도

주차장 → (5분)송악 → (15분)선운사 입구 → (20분)도솔휴게소 → (15분)참당암 삼거리 → (10분)장사송 → (5분)도솔암 → (10분)마애불 → (10분)내원궁 → (10분)마애불 갈림길 → (15분)천마봉→ (5분)낙조대 → (25분)소리재 갈림길 → (20분)견치산·국사봉 → (20분)선운산 정상 수리봉 → (30분)마이재 갈림길 → (20분)선운사 → (20분)주차장

* 4명이 걸은 평균 시간(기상·인원수·현지여건 등에 따라 다름).

11) 출전 악학궤범(樂學軌範) : 1493년(성종) 왕명에 따라 제작된 악전(樂典). 궁중악 · 당악 · 향악에 관한 이론 및 제도, 법식 등을 그림과 함께 설명하고, 동동(動動), 정읍사(井邑詞), 처용가(處容歌), 여민락(與民樂), 봉황음(鳳凰吟), 북전(北殿), 문덕곡(文德曲), 납씨가(納氏歌), 정동방곡(靖東方曲) 등의 가사가 한글로 실려 있다.

눈의 고향 설악산

낙산사 · 복자기나무 · 대청봉 · 분비나무 · 울산바위
봉정암 · 오세암 · 영시암 · 백담사 · 황태덕장 · 한계령

10월 9일 한글날, 금 · 토 · 일 연휴라 그런지 영동고속도로 정체가 심하다. 새말 나들목 나갔다 국도로, 둔내로 진부 나들목으로 다시 들어와서 강릉휴게소에 쉬어가려니 날은 벌써 어둡다. 가을 어둠은 왠지 가슴 설레게 하는 무엇이 있다. 정오 무렵 대구를 출발해서 양양 나들목으로 빠져나왔으니 6시간 반가량 걸린 셈이다. 라디오에서는 한글날이라 박물관 유물 같은 "시나브로"를 말하는데 요즘엔 잘 쓰지도, 알지도 못한다. 그렇지만 가을산마다 붉어지는 걸 어쩌랴? 시나브로 단풍이 든다.

속초 대포항으로 가려다 낙산 해수욕장 입구에서 차가 막혀 더 이상 갈 수 없다. 극심한 정체로 포기하고 낙산해수욕장으로 들어갔다. 불야성 이룬 해변을 몇 차례 돌다 저녁 7시 넘어 간신히 방을 잡았는데 7만 원이다. 그것도 현찰로 받는다. 10만 원, 15만 원을 줘도 방이 없으니 그나마 싼 가격이다. 고마운 건 식당에서 바가지 쓰지 말라고 일러준다. 늦은 시간에 물곰 식당을 찾아 겨우 저녁을 해결했다. 물곰을 동해에선 곰 · 물곰 · 곰치, 남해안은 미거지 · 물미거지, 서해에서는 잠뱅이 · 물잠뱅이로 부른다. 공통적으로 물메기라 한다.

8시 반 넘어 밤 파도 하얗게 이는 낙산사(洛山寺)[1] 의상대에 서서 건너편 홍련암(紅蓮庵)을 바라본다. 이곳은 동해 해맞이 명소로 관동팔경(關東八景)[2]의 하나다. 가까운 옛날 밀월여행 왔던 일이 그립다. 어둠 속의 관음보살상을 보면서 걷는데 밤 9시 넘으면 출입금지다. 남해 보리암, 여수 향일암, 양양 홍련암을 가리켜 3대 해수도량(海水道場)이라 일컫는다. 파도가 철썩이며 바위에 부딪쳐서 흩날리는 물방울들, 얼굴을 때리는 물보라다. 비릿한 바다냄새를 이끌고 여관으로 들어오니 커튼 색깔, 베갯잇도 70년대 무늬인데 깔끔하고 단정해서 좋다. 글라스의 맥주 거품이 부드러워선지 오늘 밤은 집 떠나왔어도 정겹다.

오색2리 주차장에는 벌써 겨울비 내리고 춥다. 다섯 빛깔 꽃이 피는 나무가 있대서 오색인데 아침 7시다. 길옆으로 오색이 아니라 일곱 색, 여덟 색 찬란한 상가, 숙박시설이 줄을 섰다. 10분 더 걸어 양양 · 속초 버스 종점. 대청봉이 가장 가까운 남설악탐방지원센터 앞에서 비옷을 입고 배낭을 새로 멘다. 올라가는 길은 대체로 경사가 급한 편이나 정상까지 가장 짧은 구간이다. 물푸레 · 생강 · 신갈 · 쪽동백나무를 만난다. 7시 20분, 대청봉까지 4.8킬로미터 거리다. 산뽕 · 조릿대 · 산목련 · 당단풍나무를 따라 지금부터 가파른 돌계단. 나무 이파리들은 벌써 붉게 물든다. 나의 청춘도 단풍처럼 물드는가? 반바지 차림 파란 눈의 외국인은 춥지도 않은지 씩씩하게 오른다. 젊음이 좋은데 어느새 늙어가지만 한때 나도 펄펄 날았다. 비는 내려도 땀이 뚝뚝 흐른다.

7시 45분, 해발 710미터 지점(대청봉4 · 오색1킬로미터), 바람이 불어 발밑으로 단풍잎 먼저 지나간다. 바람이 거센 오래된 소나무지대에 서니 한계령 쪽으로 비바람이 부옇다. 간간이 구름 사이로 얼굴을 내민 아침 햇살은 비와 섞여 내린다. 단당풍 · 산동백 · 산머루들이 어울려 고운 단풍을 만들었는데 벌써

---

1) 관세음보살이 머문다는 낙산에 있는 절. 원래 오봉산이었으나 문무왕 때 의상이 관음보살을 만나고 낙산(관음보살이 있는 곳)이라 했다. 6·25전쟁과 2005년 동해안 산불로 불탔으나 다시 지었다.
2) 청간정, 총석정, 삼일포, 낙산사, 경포대, 죽서루, 망양정, 월송정.

70퍼센트 정도 물들었다. 8시에 발아래 오색마을이 보이는 화장실(오색1.7 · 대청봉3.3킬로미터). 다시 내리는 빗줄기는 불타는 단풍잎을 끈다. 까치박달 · 고로쇠 · 복자기나무……. 비는 잠깐 멎고 참회나무는 붉은 깍지를 벌리고 웃는다. 만산홍엽(滿山紅葉)의 대명사, 복자기나무는 단풍 중에서 으뜸이다. 이파리가 마치 불타는 것 같아 일본에서는 귀신의 눈병을 고칠 만큼 아름다워 귀신안약나무(鬼目藥)라 부른다. 중부이북 산속에 잘 자라고 암수나무 따로지만 한 그루인 것도 있다. 프로펠러 같은 날개가 빙글빙글 먼 곳까지 날아간다. 개박달, 나도박달이라 해서 박달나무처럼 단단하여 수레바퀴로 썼기 때문에 우근자(牛筋子)라 했다. 무늬가 좋아 가구재로, 바이올린을 만드는 데도 귀하게 쓴다. 탄닌 · 수액 · 당분을 얻을 수 있고, 봄에 노란 꽃이 피며 가을에 물든 잎은 단풍의 여왕이다. 붉은 립스틱점쟁이에게 홀린 듯 빛깔이 곱고 황홀해서 발을 옮기기조차 어렵다. 그래서 점쟁이를 뜻하는 "복(卜)자기"가 됐던가?

오래된 전나무 지나 까치박달나무 군락지인데 아침 햇살에 붉은색 단풍 든 물이 뚝뚝 흐른다. 쓰러진 나무를 그대로 활용한 계단을 밟고 물 흐르는 작은 계곡 올라갈수록 까치박달 나뭇잎 노랗게 색깔이 진해진다. 8시 30분, 철다리 아래에서 물 한 잔 마시고 물통을 채운다. 9시경 북풍한설 몰아쳐 춥고, 손 시리고, 무릎이 아파서 보호대를 몇 번씩 손질한다. 정상까지 1킬로미터 남짓. 20분 더 올라 사스래 · 전나무지대에 닿는다. 길옆에서 바람을 피하며 달걀, 사과 한 입으로 숨을 고른다. 10시에 1,708미터, 봉우리가 푸르게 보인다는 설악산 대청봉(大青峰)이다. 과거에는 제단을 만들어 산신령에게 제사를 지냈으나 지금은 표지석만 남아있다. 양양 · 인제 · 속초가 맞닿아 있는데 오색에서 거의 3시간 걸렸다. 한라산(1,950미터), 지리산(1,915미터)에 이은 세 번째 높은 산. 백두대간 중심지로 북쪽은 향로봉 · 금강산, 남쪽은 점봉산 · 오대산과 마주한다. 대청봉 남쪽에 한계령, 북쪽에 마등령 · 미시령 고개가 있다. 찬바람이 몰아쳐서 땅에 붙은 북방계 고산식물 눈잣 · 눈주목나무들이 무리지어 자란

다. 이밖에 벚 · 개박달 · 신갈 · 굴참 · 떡갈 · 눈측백 · 소나무와 만병초 · 금강초롱 등 희귀식물, 사향노루 · 산양 · 곰 · 하늘다람쥐 · 여우 · 수달 등이 어울려 산다. 1970년 국립공원으로, 우리나라에서 처음 1982년 유네스코 생물권 보존지역으로 지정되었다. 날씨가 좋았으면 푸른 동해를 볼 수 있을 것인데 아쉽지만 비바람과 안개에 한 치 앞도 분간할 수 없다.

설악산은 한가위 때부터 눈이 내려 하지 무렵 녹는다고 설산(雪山) · 설뫼(雪嶽) · 설봉산(雪峰山) · 설화산(雪華山) 등으로 부르며 신성시했다. 속초 · 양양 · 인제 · 고성에 걸쳐 있으며 제2의 금강산이라 불린다. 백두대간 한계령 · 공룡능선 · 미시령을 중심으로 서쪽 인제 지역을 내설악, 동쪽 속초를 외설악, 오색지구를 남설악이라 한다. 내설악은 완만한 내륙으로 땅이 두터워 숲이 무성하고 해양성 기후인 외설악은 경사가 급하지만 경관이 뛰어나 탐방객이 많이 찾는 곳이다. 내설악에는 신라고찰 백담사, 지네가 줄을 갉아 먹는 것도 모르고 바위벽에 매달려 석이버섯을 따다 어머니가 부르는 소리에 목숨을 구한 대승청년의 전설을 간직한 대승폭포가 있다. 대승 · 와룡 · 유달 · 쌍폭포와 수렴동 · 가야동 · 구곡담 계곡, 동쪽의 외설악에는 울산바위 · 권금성 · 금강굴과 비룡 · 토왕성폭포 · 귀면암 · 와선대 · 비선대가 있는 천불동 계곡은 기암괴석이 어우러져 절경을 이룬다.

신라시대 권 · 김 두 장수가 쌓았다는 권금성(權金城), 70년대 초 개통된 외설악 케이블카로 만추(晩秋)를 즐기던 설악파크의 추억은 잊지 못한다. 신흥사로 가는 길은 온통 노란단풍들이 축복처럼 내렸으니 그때도 이런 계절이었다. 안개바람에 추워서 정신없이 대청봉에 잠깐 섰다 내려간다. 손이 얼고 춥다. 10시 15분, 중청대피소에 사람들이 바람과 추위를 피하려 몰려 있다.

10시 20분 한계령 갈림길(한계령7.4 · 대청봉0.6 · 소청봉0.1킬로미터) 근처에는 분비나무들이 자란다. 귀때기청봉 쪽을 바라보니 정말 귀때기가 시리다. 분비나무는 구상나무보다 잎이 길고 빗살처럼 수평으로 펴져서 전나무 잎과 비슷하다. 암수 한 나무로 5월에 꽃 피고, 하늘 보며 9월에 열매가 익는다. 열매는 일시에 떨어져 장엄하게 일생을 마무리한다. 나무 모양이 아름다워 크리스마스 장식용으로 쓴다. 해발 1천 미터 넘는 설악산, 태백산, 지리산 등 높고 추운 곳에서 잘 자라는데 온난화로 위협받고 있다. 구상나무와 분비나무는 형제간으로 솔방울이 익어 벌어지는 하나하나 조각을 실편이라 하는데 끝에 뾰족한 돌기가 나오고 그 사이마다 씨앗이 들어 있다. 구상나무는 열매돌기가 처음부터 아래로 젖혀지지만 분비나무는 다 익어야 처진다.

10분 더 내려가 봉정암 갈림길(봉정암1.1 · 소청대피소0.4 · 대청봉1.2 · 중청대피소0.6 · 희운각대피소1.3킬로미터), 왼쪽으로 간다. 구름 사이로 언뜻언뜻 울산바위가 하얀 모습을 드러내고 구름이

소청 대피소

소청대피소에서 바라본 설악산, 멀리 오른쪽 울산바위

몰려다니면서 산 아래 첩첩바위를 가렸다, 보였다 한다. 10시 40분 소청대피소에 닿으니 울산바위는 더욱 선명하게 다가왔다.

조물주가 강원도 땅에 금강산 1만 2천 봉우리를 만들고자 천하명산들에게 명을 내렸다. 전국의 수많은 산들이 기회를 놓칠세라 모여들었는데, 둘레 4킬로미터 되는 거대한 울산바위도 고향을 떠나 금강산으로 가다 워낙 몸집이 커 다음날 금강산에 도착한다. 이미 1만2천봉이 정해져서 돌아가면 웃음거리가 될 것 같아 외설악 중턱에 눌러 앉고 말았다. 울산(蔚山)에서 와서 울산바위라 하지만 울타리처럼 생겼다는 이야기가 사실적이다.

잠시 발아래 구름 걷히고 난간에 서서 한참 바라본다. 운해들이 어우러져 만드는 풍경은 별유천지비인간(別有天地非人間)[3]의 진수를 느낄 수 있게 한다. 울산바위 아래로 내려가면 세 조사가 의상 · 원효에게 계승한 계조암(繼祖庵), 앞에는 한 사람이나 열 사람이 밀어도 같이 흔들리는 흔들바위, 신흥사(神興寺)로 이어진다. 수년 전 여름에 왔던 신흥사 구간은 왼쪽으로 천불동계곡을 거쳐

3) 속세에 물든 인간이 살지 않은 이상향(당나라 시인 이백의 산중문답 시 구절).

신선이 누운 와선대(臥仙臺), 하늘로 날아간 비선대(飛仙臺), 원효대사가 있었던 금강굴 쪽으로 올랐다. 비선대서부터 본격적인 등산이 시작되는데 귀면암 · 음양 · 오련 · 천당폭포를 지나면 대청봉에 닿을 수 있다.

대피소 안에 잠깐 들러 밥 한 덩어리로 점심을 먹곤 11시 15분 출발한다. 20분 후에 봉정암(鳳頂庵)이다. 공양시간이라 사람들이 줄을 섰다. 미역국을 주는데 친구는 기다리자 하고 나는 그냥 가자고 재촉한다. 비는 추적추적 산사의 단풍잎을 떨구고 11시 50분에 진눈깨비가 내린다. 이 산에서 첫눈을 보다니 감동이 아닐 수 없다. 봉정암은 제일 높은 곳(1,244미터)에 있는 암자로 선덕여왕 때 지었다. 신흥사의 말사, 백담사 부속암자이며 불교 순례지로 유명하다. 어느 곳이나 그렇듯 이름 그대로 봉황의 산세다.

쌍용 · 용아폭포, 선녀탕이 있는 구곡담 계곡길 두고 정오 무렵 봉정암에서 오세암 가는 길, 빗물에 단풍은 흘러 다니고 산길 오르내리며 바위길 미끄러지

고 쉬운 길이 아니다. 참회나무 깍지는 벌써 입을 다 열어젖혔다. 젖은 등산화 바닥에 신문지를 깔고 걸으니 한결 나은데, 배낭 속에 항상 넣어 다닌 덕분이다. 자리 대신 바닥에 깔개로 쓸 수 있고, 비 오는 날 젖은 옷이나 물건들은 신문지와 같이 말아두면 배낭 속의 물기도 없앨 수 있다.

하염없이 내리는 가을비가 좋다. 12시 30분, 귀신 나온 줄 알고 깜짝 놀랐다.

"훠이!"

앞서 가던 일행이 길모퉁이 움푹 팬 고목나무 속에 숨어서 갑자기 나타나 놀라게 한다.

"자빠질 뻔했다."

"아이고 바보야."

이파리는 까치박달나무인데 이렇게 오래됐나? 200년 이상은 된 것 같다. 잠시 비는 긋고 바람도 덜하다. 층층 · 당단풍 · 신갈 · 복자기 · 피나무 숲을 지나 다시 빨간 단풍 비를 맞으며 걸어간다. 켜켜이 쌓인 나뭇잎, 온 산 가득한 숲의 향기는 신선의 나라에 온 듯……. 걱정 내려놓고 길을 걷는 이 순간이 최고의 행복이다.

산중 연못에 비치는 하늘이 거울처럼 맑다. 빨강 · 노랑 · 파랑, 온갖 색깔 나뭇잎 둥둥 떠다닌다. 물속을 한참 바라보니 파란 하늘에 나무들 깊게 빠져 있다. 오후 1시, 단풍은 절정인데 비바람에 그만 다 떨어진다. 노린재 · 생강나무도 단풍 들고 깊은 산속에 있어서 그런지 엄나무 잎이 크다. 20여 분 지나 산마루 돌 위에 앉아 쉰다. 이렇게 붉을 수 있을까? 삐죽삐죽 기암괴석의 외설악에 비해 내설악은 운치 있고, 깊고 단풍도 내공이 있다. 설악산 단풍은 역시 최고다. 숲은 낮인데도 어둡다.

선덕여왕 시절 암자를 짓고 관음암이라 했는데 인조 때부터 오세암(五歲庵)으로 고쳐 불렀다. 벌써 오후 2시. 고아가 된 조카를 절에서 키우고 있었는데, 하루는 겨울 준비로 스님은 길을 떠난다. 산중에 혼자 있을 네 살짜리 아이를 위해 며칠 먹을 밥을 지어 놓고 법당의 관세음보살이 어머니처럼 보살펴 줄 것이라며 떠났다. 양양 장을 본 뒤 신흥사까지 왔는데 폭설이 쏟아져 하염없이 애태우다 이듬해 눈이 녹자 돌아올 수 있었다. 죽은 줄 알았던 아이가 목탁을 치면서 가늘게 관세음보살을 부르는데 법당에는 은은한 향기가 감돌아 다섯

오세암 단풍길

오세암

살 동자가 살아났다고 해서 오세암으로 불렸다. 김시습, 한용운이 머물렀다.

비는 더 많이 내리고 기와지붕 추녀 아래 빗물소리 더욱 세차다. 볼펜 잉크도 다 떨어져 더 기록할 수 없다. 사진기도 저장 공간이 없다. 이 산중에서 어쩌랴. 볼펜 한 개 얻으려 안내 창구로 가니 사탕과 손목에 차는 염주까지 준다. 사인펜밖에 없다는데 빗물에 번져 글자가 흘러내린다. 어떻게 아이가 굶어죽지 않았을까? 어머니를 보기 위해 동자는 순수한 마음으로 간절히 기도한 나머지 관음보살 따라 성불했을 것이다. 이런저런 생각하는데 봉정암에서 미역국 안 먹고 왔다고 아직도 투덜댄다.

"미역국 못 먹었다고 너무 상심하지 마."

"마음을 다하면 반드시 이루어질 것이다."

"……."

오세암 동자전(童子殿)에 합장을 하니 단풍에 섞여 붉은 비가 더 많이 내린다. 등산객 숙박시설인 보현 · 문수동이라 적힌 건물을 뒤로하고 2시경 비를 맞으며 백담사를 향해 걷는다. 여기서 마등령까지 1.4킬로미터 거리인데 까치박달 · 참회나무가 많다.

1시간가량 걸어서 현판의 글자체가 특이한 영시암(永矢庵)이다. 영원을 향

영시암

해 날아간 화살이라 영원히 널리 베풀 수 있었으면 좋겠다. 조선 숙종 무렵 당파싸움으로 조정에선 사람들이 죽고 세상이 어수선하자 유학자 김창흡이 시위를 떠난 화살은 다시 돌아오지 않는다는 의미를 새겨 영원히 속세와 인연을 끊고 살겠다며 지은 암자라 한다. 마루에 앉은 스님을 보니 영락없이 오래전 돌아가신 어른의 모습이다. 몇 번이고 다시 보았다. 환생한 것일까? 영시암 마루에 앉아 내리는 비를 바라본다. 건너 산에는 연기처럼 안개가 피어오르고 텃밭의 푸성귀를 때리는 빗소리 세차게 들린다. 속세에 찌든 찌꺼기도 빗물 되어 씻기니 참 잘 왔다는 생각이 든다. 탐방객들이 얼마나 많았으면 아래쪽엔 취사장과 숙소까지 마련되어 있다. 더 머물고 싶지만 3시 10분경 일어서니 백담사까지 3.5킬로미터가량 남았다. 백담계곡 30여 분 더 내려가는데 숲은 붉은색 등불을 켰다. 갑자기 단풍이 환하다. 가래 · 쪽동백 · 생강 · 참회 · 산뽕 · 서어 · 엄 · 전나무들이 형형색색(形形色色)이지만 서로 화음을 맞추듯 잘 섞여서 곱다. 유네스코생물권보전지역탑에 도착하니 오후 4시다.

"목적지에 다 올수록 잘 걷네?"

"이를 악물고 간다."

백담사 계곡

백담사

잠시 차 한 잔 마실 시간 지나 물이 맑고 돌과 바위가 어우러진 수렴동 계곡, 수렴(水簾)은 바위 속에서 밖으로 보면 내리는 물줄기가 대나무 발처럼 드리워졌으니 도를 닦기는 천혜의 조건이리라. 어떻게 이런 무협지 분위기 같은 이름을 붙였을까? 어디선가 협객들이 날아와 물살을 박차고 갈 것 같은데 대청봉에서 시작된 물길이 백 번째 못을 지나는 자리에 지었다는 백담사(百潭寺)에 닿는다. 진덕여왕 때 세워져 만해 한용운의 "님의 침묵"이 여기서 만들어졌고 대통령이 머물면서 유명해졌다.

다리 위로 버스를 기다리는 사람들이 줄을 섰다. 30분 후에 버스가 출발한대서 경내와 만해 기념관, 조선 불교 부흥의 상징 보우(普雨) 시비를 둘러보지만 벌써 1시간 지났다. 백담사에서 용대리 가는 차비 한 사람 2천3백 원, 오후 5시에 겨우 버스를 타고 용대리로 간다.

용대리는 대관령 일대와 황태(黃太) 덕장[4]으로 유명하다. 원래 원산 앞바다에서 명태가 많이 잡혔는데 6·25전쟁 후 실향민들이 황태를 시작하면서 생겼다. 황태는 살이 노란 명태로 노랑태라고도 부른다. 덕장에서 바로 얼어야 부

4) 물고기 따위를 말리려 덕(막대기를 나뭇가지에 얹은 시렁)을 매어 놓은 곳.

드럽고 맛이 좋은데, 설악산 계곡 바람이 불어 천혜의 조건이다. 동해안에서 온 명태들이 영하 10도 아래서 정초부터 3개월 정도 얼고 녹으며 황태가 된다. 해독, 노폐물 제거에 좋아 7~80년대 연탄가스 중독에 특효약처럼, 술 마신 다음날 해장국으로 많이 끓여 먹었다. 용대리(龍垈里)는 용의 터, 황태머리가 용처럼 생겼으니 조상들은 땅 이름 하나도 예사로 짓지 않았다.

"용대리에서 지금은 황태리가 됐어."

"이런 날 연탄불에 황태를 구워 한 잔 들이키면 좋겠다."

"또 술타령."

덜컹덜컹 비포장 도로 따라 20여 분 달려 도착하니 세찬 빗줄기가 반겨 준다.

날은 어둑어둑해지고 늘어선 가게마다 하나둘 불이 켜진다. 오색 가는 승용차나 택시를 타려 사람들이 두리번거리며 서로 흥정을 하는데, 우리도 2만 원에 동승을 했다. 5시 30분, 아침에 차를 두고 온 오색으로 출발한다. 어두운 길을 달리는데 서울 · 인제 쪽 교차로 부근에는 차가 많이 밀린다. 발굽의 지명이라서 차가 몰려든 것 아닌가? 인제(麟蹄)는 전설의 동물 기린(麒麟)의 발굽 모양처럼 생겨서 붙여진 이름이다. 사슴이 백년 묵으면 기린이 되므로 나도 백년까지 살면 산신령이 될 것이라 하니 웃는다.

얼추 50대 중반쯤 돼보였다. 운전대를 잡고 달리면서 시간만 나면 이곳에 온다고 설악산 예찬을 한다. 백담사 사찰체험(템플스테이) 왔는데 1인당 1박3식, 5만원이면 4인 가족 독방도 가능하다고 일러준다. 옆에 앉은 부인은 맞장구치듯 주변 맛집까지 알려주며 양양의 단양면옥이나, 강릉 사천 물 횟집이 좋다고 한다. 초면에 이렇게 차편도 해결하고 식당까지 소개받았으니 나는 사람복이 많다. 그래서 돈을 남기는 것은 하수요, 업적을 남기는 것이 중수, 사람을 남기는 것이 고수[5]라 하였다.

---

5) 고토 신페이(後藤新平, 일본 식민정치가 1857~1929).

한계령(寒溪嶺) 고갯마루 구불구불 돌아간다. 한계령(1,004미터)은 인제와 양양 경계 고개 마루로 영동 · 영서의 분수령이다. 옛날에 오색령이라 했다. 대청봉과 남쪽 점봉산을 잇는 능선으로 산마루가 움푹 들어간 말안장 안부(鞍部)다. 도둑이 많아 고개를 넘지 말라고 길목에 금표를 새겼는데 양양 쪽 한계령 길에 금표교가 있다. 1968년 군부대가 인제 북면 한계리에서 공사를 시작하며 지금의 한계령으로 불렀다. 80년대 대중가요 한계령으로 더욱 유명해졌다.

"저 산은 내게 우지마라 우지마라 하고 발아래 젖은 계곡 첩첩산중~."

산업화 시대, 숨 가쁘게 달려온 사람들의 힘들었던 삶을 잘 나타낸 시적인 노래라고 생각한다. 가끔 산에 올라 대금으로 이 노래를 불면 분위기는 일품이다. 한계령을 지나고 저녁 6시 20분 오색에 도착하니 어둡고 춥다.

"체력도 한계다."

차 안의 난방 버튼을 눌렀지만 예열이 안 돼 찬바람이 나온다.

1시간가량 달려 강릉 사천 바닷가 물 횟집이다. 문 닫을 시간인데도 생선회, 동해안 특유의 꽁치젓갈, 미역국에 국수까지 내어준다. 여기는 횟감이 떨어지면 일찍 문을 닫는다.

"드디어 미역국을 먹게 되는군."

"봉정암에서 미역국 못 먹었다고 투덜거리더니 소원성취 했네."

대답 대신 슬그머니 국수를 말아 건넨다. 배도 고팠지만 주인은 친절하고 음식도 정갈했다. 다시 오고 싶은 곳.

8시에 영동고속도로 횡계 나들목까지 갔다가 차 밀려서 다시 동해안 7번 국도를 타고 내려왔다. 밤 11시경 죽변 별서(別墅)[6]에 도착해서 잠을 잔다.

6) 농장이나 들 근처에 한적하게 지은 집. 별장과 비슷하나 농사를 지음.

탐방길

● **정상까지 5킬로미터, 3시간 정도**

※ 전체 11시간 20분(오색 → 대청봉 → 봉정암 → 오세암 → 백담사 → 용대리 → 오색)

오색 → (45분)해발710 지점 → (15분)화장실 → (30분)철다리(물 있음) → (1시간 30분)대청봉 → (20분)한계령 갈림길 → (20분)소청대피소 → (55분*점심 35분 포함)봉정암 → (2시간 25분)오세암 → (1시간)영시암 → (1시간)유네스코 기념탑 → (10분)백담사 → (1시간 20분 *백담사에서 버스 기다리던 1시간 포함)용대리 → (50분)오색

* 빗길 보통으로 걸은 시간(기상·인원수·현지여건 등에 따라 다름).

칠승팔장七丞八將 설화산과 광덕산

외암마을 · 여뀌 · 맹사성 · 동천(洞天) · 행단(杏壇) · 차령(車嶺) · 멱시
천남성(天南星) · 절이 된 강당사와 서원철폐 · 호두 · 어금니 바위

완연한 가을 오후의 햇살은 살갑다. 아산 외암마을은 그래도 때가 덜 묻었다. 매표소에는 지루하지 않을 만큼 줄을 섰는데 설화산 등산로 입구를 물으니 입장권 사지 말고 다리 건너 오른쪽으로 들어가라고 한다. 표 값 2천 원을 면제해 준 충청도 인심처럼 논둑길 너머 한 눈에 들어오는 설화산은 정겹게 서 있다. 노랗게 익은 가을 논에는 탈곡기 한대가 들녘을 굽어보고 고샅을 걸어가니 장대로 감 따는 아이들, 돌담에 빨간 잎을 늘인 담쟁이도 계절의 주인이다. 산 아래 낮은 들판으로 갈대와 국화, 빨갛게 익은 감이 돌담과 어우러져 한 폭의 정다운 고향마을 그린 듯하다. 10월 3일 가을 햇살은 역시 시골길이 좋다.

탈곡기 너머 설화산

오후 3시 외암골(설화산정상2 · 외암마을0.9킬로미터). 외암마을은 설화산 남서쪽에 기와 · 초가집이 옹기종기 모여 이루어진 아산의 민속마을이다. 10여 분

설화산 오르는 길

걸어 정자를 지나고 이곳의 집들은 대체로 규모가 작은 편이다. 산이 편안한데 굳이 살림집이 클 필요가 있겠는가? 오히려 크게 지었다면 주변 풍광과 잘 어울리지 않았을 것이다. 외암 저수지를 끼고 돌아 갈림길(설화산 정상1.4 · 오방리 0.3킬로미터)에서 왼쪽으로 정상을 향해 오른다. 오른쪽으로 가면 오방리다. 캠핑장 지나고 복자기 · 싸리 · 신갈 · 개옻 · 붉나무……. 단풍잎이 빨갛다. 오후 3시 반에 막걸리병과 양초, 술잔……. 치성 올린 흔적을 보니 발복의 명당이란 말이 실감난다. 이산은 남서쪽으로 무덤이 많다. 배초향, 맥문동이 언뜻언뜻 나타나고 곧이어 능선 갈림길(맹씨행단1.5 · 초원아파트1.5 · 광덕산8.5 · 망경산6.8 · 외암저수지1.2 · 설화산0.2킬로미터)이다. 일반적인 산행은 외암마을, 중리, 윗산막골 등에서 오를 수 있는 다양한 구간이 있다.

봄까지 눈이 덮인다고 설화산인데 눈 대신 바위만 있다. 정상은 문필봉(文筆峰)으로 불리어 인물이 많이 난다고 알려졌다. 정상을 등지고 북쪽 산 아래 중리에 맹사성 고택이 있는데 그의 어머니는 설화산이 입으로 들어오는 태몽을 꾸었다 한다. 남서쪽 외암리 앞으로 냇물이 흘러 일곱 명의 정승과 여덟 장군을 일컫는 칠승팔장(七丞八將)이 나올 배산임수(背山臨水) 명산이라 전한다. 냇물을 일부러 마을로 끌어 다시 흘려보내 설화산 화기를 누르려 한 흔적이 역력한데 군데군데 작은 연못이 있다.

오후 3시 45분 해발 441미터 설화산 정상(오봉암1 · 외양2리(데이콤)1.5 · 외암

설화산 정상

아산 시가지

저수지1.4 · 맹씨행단(중리)1.7 · 초원아파트1.8 · 광덕산8.7킬로미터). 멀리 서쪽 으스름 햇살 아래 노란 들녘이 고즈넉하다. 정상 바위에 태극기 날리고 산 아래 외암마을, 광덕산 능선은 눈앞에 있다. 망경 · 태화 · 배방 · 영인 · 가야산과 아산만 삽교천 방조제가 흐릿하고 아산 · 천안시가지가 다가온다. 바위에 잠시 앉아서 물 한 모금 마시니 가슴이 후련하다.

우리는 오봉암 쪽으로 내려선다. 바위와 소나무길이 어우러진 동사면 바윗길. 마치 새의 날개 위를 걷는 듯 하다. 고불고불 억지로 자라는 소나무와 노간주 · 생강 · 떡갈나무를 만나는 오후 4시, 고개 숙이며 나무 아래로 지나간다. 산꼭대기는 바위산(骨山), 중턱아래는 흙산(肉山)이다. 똘복숭아 나무를 보며 곧이어 갈림길(윗산막골1.2 · 설화산0.2킬로미터). 개산초 · 생강 · 상수리 · 아까시 · 비목나무를 뒤로하고 함양박씨묘 지나 10분 내려서니 가을 들녘 볏짚 냄새가 걸음 멈추게 한다.

여뀌

빨갛게 핀 여뀌 꽃이 검푸른 들풀과 어울려 환상적인 색깔을 만들어 놓았다. 바람에 나풀나풀 무당 옷처럼 생긴 것이 이렇게 예쁠 수 있을까? 작은 꽃이 줄줄이 엮여서 여뀌, 붉은 꽃의 매운맛이 귀신을 어지럽게 하거나 쫓는다는 역귀(逆鬼)

가을 들녘

돌담에 둥근 박

오지게 떨어진 은행

에서 여뀌가 됐다. 잎과 줄기에 매운 맛이 있어 일본에서는 생선요리에, 물에 찧어 놓으면 물고기가 천천히 움직여 잡을 수 있다고 한다. 피를 멈추게 하므로 자궁 · 치질출혈 등에, 항균작용과 혈압을 내리는 데도 효과가 있다.

여뀌를 더욱 붉게 물들인 서산에 걸린 해, 갈대의 하얀 깃털은 햇살에 살랑거리며 들판을 간지럽힌다. 오후 4시 35분쯤 다시 아산시 송악면 외암리 민속마을에 닿는다. 돌담길 따라 가을볕에 둥근 박이 일품. 정미소에는 쌀을 빻는

설화산 아래 외암마을

외암동천

날아가는 새의 뒷모습 닮은 설화산

데 보여주기 위함인지 실제 운영하는 것인지 모르지만 아무튼 정겹다. 은행나무 알맹이도 오지게 떨어져 돌담위에 소복이 쌓였다. 그 너머로 단풍잎 걸린 초가집과 곶감 아래 항아리, 가을빛에 그림 그린 듯, 소품을 놓은 듯하다.

이곳은 충청도 반가(班家 양반집)의 살림집을 잘 간직하고 있다. 양반집에 소작을 하며 초가집이 붙어살았는지 기와집들과 조화를 이뤘는지는 생각하기 나름이지만 예안 이씨 집성촌으로 실제 수십 세대가 살고 있다. 조선 숙종 때 이간[1]이 이곳에서 태어나 설화산 봉우리를 따서 호를 외암(巍巖)이라 했는데, 나중에 외암(外岩)마을이라 불렀다. 다리 건너오는데 개천 아래 바위에 새겨놓은 외암동천(外岩洞天), 동화수석(東華水石) 글자를 보며 지나친다. 동천(洞天)은 신선이 살 만한 경치가 아름다운 곳으로 도가(道家)의 별유동천(別有洞天)이 아니던가? 천상의 고을, 물과 바위에 흘러드는 국화꽃잎……. 외암마을 주변 도

1) 이간(李柬) : 1677(숙종)~1727년(영조) 회덕현감 · 경연관 등을 지낸 문신 · 학자.

맹씨행단

로마다 가을빛 쐬러 나온 차들이 많이 밀리는데 길옆으로 보이는 설화산은 날아가는 새의 뒷모습을 닮았다. 통신 안테나 위로 날아오르는 형국이다.

오후 5시에 아산시 배방면 중리 신창맹씨세거비(新昌[2] 孟氏世居碑) 옆에 있는 맹씨 행단이다. 크고 오래된 은행나무 단(壇)이 있는 맹씨 집에는 회화나무도 300년 넘었다. 행단(杏壇)은 은행나무가 있는 단(壇 땅을 돋아 약간 올라서게 만든 자리)인데 살구·앵두나무 등을 심은 데도 있다. 공자가 글을 가르치던 곳, 또는 향교나 학교를 가리키기도 한다. 산을 올려다보니 여기서 설화산까지 1.6킬로미터 거리다. 원래 이곳은 고려 말 충신 최영 장군의 집이었는데 맹사성의 아버지가 이웃에 살았다. 어려서부터 총명했던 맹사성의 사람됨을 보고 장군은 그를 손녀사위로 삼고 집까지 물려주었다고 전한다. 맹사성(孟思誠)은 고려 말·조선 초기의 재상. 세종 때 대제학(大提學)[3]에 올라 황희와 문화 수준을 높이는 데 힘썼다. 시와 악기에 능숙했고 청백리로 효성도 지극했다. 연시조 강호사시가(江湖四時歌)를 남겼다.

"강호에 봄이 드니 미친 흥이 절로 난다 ~
강호에 여름이 되니 ~ 역군은(亦君恩) 이샷다."

영의정 황희와 권진이 이곳으로 와서 맹 정승과 세 개씩 아홉 그루 느티나

2) 아산 지역의 옛 지명.
3) 판서와 같은 정이품(正二品)이었지만 정승보다 높이 대우하여 학자로서 최고의 명예로 여겼다.

무를 심어 구괴정(九槐亭)이라 하고 음풍농월 했을 것이다.

5시 반경 수암사 어금니바위까지 7.5킬로미터 거리를 달려가지만 아산만 · 삽교호 쪽으로 차가 밀려 대전으로 되돌아간다. 천안 · 아산방조제는 1973년 완공된 것으로 아산 · 평택간 2.5킬로미터다. 삽교천방조제는 당진 · 아산 경계의 길이 3.3킬로미터 인공담수호인데 내포지역 농업개발사업의 일환으로 하구 바닷물 염해와 가뭄 · 수해방지, 생활용수 공급을 위해 1976년 시작하여 1979년 10월에 완공됐다.

세종시를 거쳐 대전으로 돌아오니 1시간 걸렸다. 단풍관광차들이 많아서 고속도로 대신 국도를 달려 저녁 7시 만년동 아구찜 식당에서 소주 한 잔. 이튿날 출근해서 충청도 출신에게 내포(內浦)지방을 물었더니 아리송하다 했다. 중앙부처 사무관이 모르면 되냐고 하니 차령산맥 서북쪽 가야산 주변의 지리적 개념이라는데, 홍성, 해미, 서산, 태안, 덕산, 예산, 아산, 면천, 당진 등이라고 한다. 차령산맥은 오대산에서 갈라져 충북 북부, 충남 중앙을 남서로 뻗은 250킬로미터, 평균 600미터 높이다. 차령은 공주 정안 인풍리 · 천안 광덕 원덕리 사이 고개로 차령터널 근처다. 높은 고개인 수리고개가 수레고개, 차령(車嶺) · 차현(車峴)이 됐을 것이다.

외암마을 다녀온 지 일주일 후인 10월 마지막 날, 8시 반 대전을 출발해서 아산 광덕산 입구 강당골 주차장에 도착하니 9시 40분이다. 여기서 광덕산 정상까지 3.2킬로미터(각흘고개10 · 배방산16.2 · 설화산11.9 · 망경산7.4킬로미터)인데 날씨는 맑고 산행하기 좋다. 용이 하늘로 오르다 떨어져 실이 한 타래나 들어간다는 용추계곡 출렁다리 건너 강당사(講堂寺) 절집 거쳐 올라가는 길.

상수리 · 비목 · 당단풍 · 난티 · 국수 · 작살 · 옻 · 소나무들 사이로 나뭇잎이 떨어져 길 위에 구른다. 충청도 산답게 어슬렁거리기 좋고 흙산(肉山)으로 유순하다. 10시 40분에 벌써 1킬로미터 올라왔고 정상까지 2.2킬로미터 남았다. 가뭄이 심해선지 당단풍나무는 주먹을 꼭 쥐고 펼쳐 보이지 않는다. 쉼터가 있는 소나무길 어느덧 11시. 산딸 · 층층 · 비목 · 생강나무를 지나 오래되고 큰 상수리나무가 좋은데 이곳에서는 완전히 산 아래 내려갔다 다시 올라가는 길이다. 단풍은 붉고 숲 냄새도 좋다. 광덕산 정상까지 1킬로미터. 11시 조금 지나 임도, 산길을 가로질러 오른다.

가파른 돌계단 오르면서 왼쪽으로 설화산 바위 봉우리가 보인다. 돌계단 위쪽으로 쪽동백 · 피나무 단풍이 짙고 가파른 산길 나뭇잎은 벌써 80퍼센트가량 졌는데 땀도 같이 뚝뚝 떨어진다. 담쟁이와 다래덩굴이 굵다. 여름내 상수리나무에 붙어 자란 담쟁이를 참나무에 붙어 자란다고 참담, 소나무에는 송담이다. 관절염 · 당뇨 등에 좋다고 알려졌지만 영양을 뺏긴 나무들은 죽을 맛이다. 여름철 산을 헤매다 물이 떨어져 생명이 위험할 때 다래덩굴로 목숨을 건지는 일이 종종 있다. 그야말로 다래나무는 생명수인 살아있는 샘물이다.

11시 반에 광덕산(廣德山)정상(699미터, 설화산8.7 · 배방산13 · 망경산4.3 · 외암마을8.8 · 장군바위1.3 · 강당골주차장3.2킬로미터). 글자 그대로 크고 넓어서 천리조망, 산딸 · 밤 · 비목나무들이 산 아래를 바라보며 자라고 설화산이 빤히 보인다. 산 아래 광덕사가 있다. 조금 내려가니 천안시 쪽에서 안내판을 세웠는데 천안을 부각시켜놓았다. 막바지 단풍 산행하는 사람들이 많다. 능선 따라가는 길 장군봉으로 나뭇잎 다 떨어져 춥다. 5분가량 걸어서 멱시마을 갈림길(멱시마을2.2 · 장군바위0.9킬로미터)에 서니 상수리나무 숲인데 정상부근 회나무와 비슷한 것이 특이하다.

정오에 장군바위(광덕산정상1.2 · 설화산7.8 · 망경산3.1 · 배방산11.8 · 멱시마을2 · 장군약수터0.3 · 천안방면 주차장 3킬로미터). 우린 멱시마을로 내려간다. 장군바위 근처 여기저기 제물 올린 흔적이 역력한데 외암생막걸리병을 마치 상점

광덕산

에 진열하듯 졸로리 세워 놓았다. 이산에 까치박달 · 산딸 · 비목나무들이 많다. 장군바위에서 멱시마을로 내려가는 계곡은 봄철 피나물 꽃이 볼 만하다.

멱시마을이 궁금해 여기저기 물어봐도 모른다고 한다. 여러 번 수소문 끝에 온양민속박물관 견해[4]는 이렇다. "옛날 강당골 위쪽에 8개 작은 마을이 있었다. 이곳엔 감나무가 많아 추석 전에 익어 맛있는 홍시가 되었다. 그런데 한쪽이 까만 색깔을 띠어 검은 감을 뜻하는 먹 묵(墨)자를 붙여 묵시(墨柿)라 했다가 나중에 멱시로 변한 듯한데, 이 일대 감 맛이 좋아 임금님께 진상하였다" 한다. 또 다른 것은 짚이나 삼으로 엮어 만든 방한용 신발을 멱신이라 해서 멱시로 변한 것이 아닌가? 추정한다.

5분가량 내려가서 돌이 쌓인 샘터, 장군약수터다. 옛날 어떤 사람이 산속을 헤매다 목이 마르고 배고파 죽을 지경이었는데 바위에 떨어지는 물을 받아먹었더니 장군처럼 씩씩해졌다 해서 장군약수터라 불렀다. 한 바가지 마시고 장군이 되렸더니 물은 말라서 없다. 산딸나무 아래 평상이 놓였는데 여름철 텐트 치고 야영하기 좋겠다. 누리장나무는 잎이 넓고 까치박달 · 박쥐 · 산뽕 · 말채나무도 연세가 많다. 벌이 많은지 "말벌조심", 녹색 테이프로 크게 붙여 놨다.

계곡은 길게 늘어졌고 물도 졸졸졸 흐르는데 천남성 열매가 빨갛다. 산삼

4) 온양민속박물관 신탁근 고문님.

멀리 넓은 산들 / 내려가는 길 / 장군바위 / 장군약수터

잎과 꽃을 닮은 예쁜 색깔이 왠지 섬뜩하다는 생각이 든다. 남쪽 별 기운을 받았대서 천남성(天南星) · 남성(南星), 호장(虎掌), 반하정(半夏精)이라 하고 환경에 따라 암수를 바꾼다는 독초다. 뿌리를 약재로 쓰는데 둥근잎 · 점박이 · 넓은잎 · 두루미천남성 등이 있다. 늦가을에 캔 껍질을 벗겨 햇볕에 말려 잘게 썰어 달이거나 가루로 쓴다. 종양 · 종기에 빻아 바른다. 알뿌리에 녹말이 많아 어린순과 오래 끓여 독성을 빼내 먹는다고 하나 위험하다. 새로 나온 잎은 뱀 머리처럼 꼿꼿하게 선다. 귀하지만 무서운 약초여서 부자(附子, 투구꽃 · 진범종류의 뿌리 말린 것)와 섞어 독약을 만들었다. 몸속에 출혈을 일으켜 피를 토하게 한다. 사약을 먹고 피를 토하는 것은 바로 천남성의 독성 때문이다. 독성을 잘 활용하면 혈류량을 늘려 막힌 혈관을 풀어 중풍, 뇌졸중, 혈액순환장애 치료에 가능하다. 항암, 반신불수, 간질병, 임파선종양, 파상풍, 뱀에 물린 데도 쓴다.

12시 20분경 임도합류지점(강당골계곡1.2 · 장군바위1.2 · 고아덕산정상2.4킬로미터). 조금 지나 백양목 두 그루 섰는데 오래전 집터가 있던 흔적이다. 몇 걸음 더 옮겨 작은 바위에 앉는다. 김치, 고추장에 밥 몇 술 비벼서, 빵, 귤, 커피로 행복한 점심. 새로 1시에 멱시마을, 10분 더 내려가 강당사에 닿는다.

원래 강당사는 영조 때 경연관(經筵官)[5]을 지낸 외암 이간이 친구와 학문을 논하던 서원이었다. 1868년 대원군의 서원 철폐령을 피하기 위해 마곡사에서 불상을 가져와 절을 만들었다. 추사 김정희의 관선재(觀善齋) 현판이 걸려 있다. 추사는 예산이 고향이다. 한편 서원은 사설교육기관으로 중종 때 풍기군수 주세붕이 백운동서원을 지은 것이 처음이다. 조정의 보조금을 받아 제사와 유학을 장려했으나 당쟁을 일삼으며 백성들을 괴롭히므로 대원군이 전국 6백여 곳의 서원을 없애 47개만 남긴다.

산 너머에는 광덕사, 호도나무 전래비와 근처에 정조 때의 기생 김부용의 묘가 있다. 부용(芙蓉)은 평안도에서 태어나 열아홉에 대감의 소실로 사별하자 수절한다. 부안 이매창, 송도 황진이와 더불어 이름난 기생이며 여류시인이

5) 고려 · 조선시대 왕의 학문지도를 위하여 인품과 학식이 높은 문관으로 1~9품까지 여럿을 두었음. 가장 명예로운 벼슬.

강당사

었다. 광덕 호두는 껍데기가 얇고 알이 차서 천안의 명물인데, 전국 생산량의 1/3정도가 이곳에서 나오고 고려 충렬왕 때 유청신(柳淸臣)[6]이 원나라 사신으로 갔다가 호두를 처음 들여와 심은 곳이다. 700년 묵은 호두나무가 있다. 오랑캐 복숭아를 뜻하는 본딧말 호도(胡桃)가 호두로 바뀌었다.

광덕사 호두나무

오후 1시 반에 원점회귀. 오후 2시 10분 수암사 어금니 바위를 찾는다. 공사를 하느라 산을 파헤쳐 놨는데 위치를 잘 몰라 다시 올랐다 내려와서 겨우 절집 안에 있는 바위를 찾았다.

옛날 심술궂은 구두쇠 부잣집에 스님이 왔는데 마음씨 고운 며느리가 쌀을 시주하려 하였으나 시아버지는 거름을 주어 쫓아 버린다. 불쌍히 여긴 며느리가 뒷문으로 나가 다시 쌀을 주었다. 감동한 스님은 이 집에 재앙이 닥치니 당

6) 서울경제신문(2015.5.12. 오피니언 38면).

장 따라 오라면서 절대 돌아보지 말라고 하지만, 갑자기 요란한 소리가 나며 대궐 같은 집은 불길에 휩싸이므로 며느리가 뒤를 돌아보는 순간 바위로 변하고 말았다. 바위 모습이 어금니를 닮아 어금니 아(牙)자를 써서 아산의

이름도 이 바위에서 비롯되었다고 전한다. 자세히 보니 부처 같기도 하고 아이를 업은 것 같다.

아산시 염치 읍내 농협, 오후 3시 삽교호방조제에 들렀다가 호남고속도로를 달려간다.

탐방길

● 설화산(정상까지 3킬로미터, 1시간 40분 정도)

외암마을 주차장 → (40분 *외암마을 관람시간 포함)외암골 → (10분)정자 → (30분)기도처 → (10분)능선갈림길 → (10분)설화산 정상

● 광덕산(정상까지 3.2킬로미터, 1시간 50분 정도)

강당골 주차장 → (10분)강당사 → (45분)마리골 → (10분)소나무 쉼터 → (15분)임도 → (30분)광덕산 정상

* 2명이 걸은 평균 시간(기상·인원수·현지여건 등에 따라 시간이 다름).

선인이 살고 있는 성주산

구산선문 · 성주사지 · 남포오석

도선국사 시비 · 만세영화지지 · 목단 · 먹방

성주산을 찾아 아침 9시경 대전에서 출발했으니 1시간 30분정도 걸렸다. 부여 · 백제휴게소에 잠시 들른 것 말고는 서부여 나들목으로 바로 나왔다. 사방의 산들은 아침 안개를 뒤집어쓰고 속내를 보여주지 않는다. 잘 드러내지 않지만 속 깊은 충청도. 부여군 외산면 아미산 마을이 고즈넉해서 잠시 차를 세우고 사진 한 장 찍는다. 아늑한 산마을 도로에 차도 잘 다니지 않는 10시 30분, 보령 성주면사무소 근처에 성주사 터(聖住寺址). 성주산으로 들어가기 전 들판에 폐사지가 있는데 동서 200 · 남북으로 100미터쯤 되는 큰 규모다. 1월 10일 겨울날은 흐릴 뿐 견딜만한 날씨다.

구산선문(九山禪門)의 백제 선종사찰인 성주사는 598년 세워진 오합사(烏合寺)가 전신인데 고구려 전쟁에서 죽은 원혼들을 달래기 위해 지은 것이라고 한다. 660년 백제 멸망 후 호국 사찰로 이름값을 한 것이다. 후에 통일신라 태종무열왕의 차남인 김인문의 원찰(願刹)[1]이 되었고, 그 후손들이 강릉의 호족이었는데 무염(無染)이 있었다. 20대에 당나라 유학을 하고 돌아와 불탄 오합사를 새로 지어 40년간 선문을 일으키니 사람들은 성인으로 받들었다. 이 무렵

1) 죽은 이의 명복이나 자신의 소원을 빌기 위해 세운 절. 주로 왕족들이 지었다. 감은사가 대표다. 원당(願堂),

성주사 터, 탑비·석불·석등·석탑·받침돌이 보인다

부터 성주사로 불렸고, 수많은 문하생으로 쌀뜨물이 성주천을 따라 길게 흘러 큰 절이었다고 알려졌다.

성주사지 한쪽에 낭혜화상(朗慧和尙) 무염의 검은 탑비(塔碑)가 있다. 승려의 유골을 부도에 안치하는데 부도는 승탑(僧塔)이라 하고, 탑비는 부도와 함께 조성되는 승려의 일생을 적은 비석이다. 무염의 생애와 산문개창 과정 등이 자세히 기록돼 있고 행적은 최치원이 지었다 한다.

초기 통일신라는 경전을 중시하는 교종의 화엄종이 왕권과 밀착돼 있었지만 하대에는 선종이 유행한다. 어려운 문자에 의존하지 않고 참선을 통해 본성을 깨달으면 부처가 될 수 있다(不立文字 見性成佛)는 것이다. 당나라 말기 선종의 영향도 컸지만 지방 호족이나 농민들이 등장하면서 통일된 사상이 필요했기 때문이리라. 달마를 잇는 선문이 서라벌이 아닌 지방의 각지에 들어선 것. 도의가 개창한 가지산문(장흥 보림사), 홍척의 실상산문(남원 실상사), 혜철의 동리산문(곡성 태안사), 현욱의 봉림산문(창원 봉림사), 도윤의 사자산문(영월 흥녕사), 범일의 사굴산문(강릉 굴산사), 도헌의 희양산문(문경 봉암사), 이엄의 수미산문(해주 광조사), 무염의 성주산문(보령 성주사)이 구산이다.

먹방 삼거리

이 지역에서 나오는 검은 돌을 남포오석이라 불리는데 신라 때부터 고급비석과 벼루용으로 유명했다. 중국에서도 최고로 쳤다. 검은 돌에 글자를 새기면(刻字) 파여진 속이 하예서 조선시대 왕릉의 비석과 최근에는 대통령묘비로 썼다. 성주사지 무염의 탑비도 남포오석이다. 진성여왕 이래 천 년이 흘렀어도 매끄럽고 글씨가 뚜렷해서 금방 만든 것으로 착각할 만큼 질이 좋다. 보령이 남포현이었으니 지금은 보령오석이다. 오합사의 이름도 이와 무관치 않을 것으로 짐작한다.

11시경 먹방 삼거리 오른쪽으로 걸어간다. 이름이 재밌다.

"먹방이 뭐지?"

"먹는 방송."

굽이굽이 검은 바위 개울 따라 가는데 포장길은 얼어버려 신발이 미끄럽다. 심연동 가는 길, 간이 버스정류장에 닿으니 백운사 입구 장군봉 이정표가 나오고 왼쪽으로 오른다. 바로가면 성주산 자연휴양림이다.

백운사(白雲寺), 흰구름 속의 절이라 인적 없는 조그만 암자라고 해야 맞겠지. 무염당(無染堂) 왼쪽으로 등산길 따라 오르는데 잔설이 소나무에 쌓여 있다. 정상까지 2.2킬로미터. 흐린 날씨에 몸은 으스스, 해는 나왔다 들어갔다 하고 건너 산에 눈바람 날린다. 인기척이 없다 싶더니 나그네 온 지 어떻게 알았는지 목탁소리 들리기 시작한다. 우리들 위한 목탁소린데 어떻게 합장 아니 할

백운사 역암지대 눈길 파란하늘 겨울산

것인가? 소나무 장작을 패려고 켜놨는지 송진 냄새가 좋다. 산을 오르면서 "채굴탄광 지반침하 조심" 안내판은 탄광이 있었다는 것을 알려준다. 상수리나무 가지에 겨울바람이 세차게 인다. 어느덧 정오 무렵, 능선 북쪽에서 바람 불어오고 눈이 쌓여 있는데, 이정표가 없어 왼쪽으로 갔다 다시 오른쪽으로 오른다. 지금부터 햇살 눈부시는 능선길 산행이다.

누군가 떨어뜨리고 간 모자는 굴참나무 가지에 걸려 있고 임도 접경지역으로 들어서자 소나무재선충병 방제작업 흔적이 보인다. 당나라와 신라가 연합해 백제를 멸망시켰듯 재선충은 솔수염하늘소와 공모해 여기까지 침략했구나. 소나무, 굴참나무가 엉켜진 바윗길로 오르는데 자갈 섞인 바위 덩어리들이 퍼석퍼석하다.

"누가 산에 콘크리트를 쏟아 부었나?"

"……."

성주산 소나무

"진안 마이산 가봤잖아."

"역암."

"이 근처에 기름 나올지도 몰라."

역암(礫岩), 자갈들로 뭉쳐져 생긴 것이다. 퇴적암층에 흔히 나타나는데 원유와 천연가스를 저장하는 저류암의 역할을 하기도 한다.

12시 20분경 청주한씨 봉분 근처에서 눈을 한번 들어보니 멀리 산들마다 거칠 것 없는 일망무제(一望無際). 산 위로 정상이 보이고 굽어보는 산길(林道)이 뱀처럼 산허리를 감고 구불구불 기어간다. 명산대찰이건만 어이해서 표지판은 이렇게 인색할까? 지금부턴 아이젠도 없는 눈길이다. 미끄러지고 넘어지고 지팡이를 겨우겨우 짚어가며 앞으로 가는데 차가운 눈바람까지 불어오니 악전고투 30여 분 왔다.

눈길 구간을 지나 12시 50분, 김치만 넣고 굵게 둘둘 말아온 김밥으로 점심을 먹는다. 갈림길에 드물던 팻말이 반갑다(심연동1.3 · 장군봉0.5 · 문봉산2.3킬로미터, 백운사는 거리 표시가 없다). 산 정상으로 조금 더 오르니 소나무림이 아주 뛰어난데 몇몇 나무에 오래된 칼자국이 선명하다. 여기서도 송진을 탈취했는지 온통 브이(V)자로 훼손된 나무들마다 안쓰럽기 그지없다.

드디어 오후 1시 15분, 무염선사와 같은 여러 성인들이 살고 있다는 성주산

성주산 정상

정상 장군봉(677미터). 앞에는 서해바다, 뒤로 멀리 부여 쪽이다. 여기서 심연동1.8 · 왕자봉5.9 · 문봉산이 1.8킬로미터 거리다.

표지판 없다고 투덜대던 것을 눈치챘는지 거대한 표석이 늠름하게 서 있다. 오석(烏石)이다. 아마도 높이 2.5미터에 1톤 이상은 될 것 같은데 참 크게도 만들었고 뒷면에는 신라말 도선비기를 쓴 도선국사(道詵國師)의 성주산(聖住山) 시가 새겨져 있다.

"가며 가며 길 트인 깊은 성주산(行行 聖住山 前路),
구름 안개 겹겹이 쌓여 있는 곳(雲雲 重重 不暫開),
모란 줄기 어디메 꺾여진 건가(看取 牧丹 何處折),
푸른 산 첩첩이 물 천 번 도네(青山 萬疊 水千廻)."

길지를 암시하는 예언 시 같다는 생각이 드는 건 무슨 이유일까? 목단은 부

신갈·물푸레·노간주나무

서어나무 군락

귀를 상징하니 남포일대는 예로부터 성주산 남향으로 만세영화지지(萬世榮華之地)[2]가 있다고 했다. 성주산 정상을 뿌리 부분으로 본다면 산기슭에서부터 목단이 피는 지점에 목단형국 명당 여덟 개가 있다고 전한다.

목단은 모란이라 하며 2미터 정도 자란다. 5월에 빨갛게 꽃이 피고 이어서 작약이 핀다. 여러해살이 풀로 향이 진한 작약에 비해 목단은 향이 없거나 약하나 꽃이 화려농염(華麗濃艶)[3]하여 위엄과 품위를 갖추고 있다. 화중왕, 꽃 중의 왕이다. 호화현란한 아름다움이 장미와 비슷하지만 살아 있는 예술품으로 친다. 부귀의 상징으로 도자기에 덩굴로 그린 문양을 많이 볼 수 있다. 부귀화(富貴花), 목작약(木芍藥), 화왕(花王), 낙양화(洛陽花), 화신(花神) 등으로 부르고 한방에서 뿌리껍질은 항균제로 썼다. 목단은 나무, 작약은 풀이다. 신라 진평왕 때 중국에서 들어왔다. 진평왕은 딸만 셋을 두었는데 천명, 덕만, 선화공주다. 당나라 태종이 덕만공주 선덕여왕에게 붉은색, 자주색, 흰색의 목단그림을 보냈다. 벌과 나비가 없으므로 향기도 없음을 알았다 해서 지혜 있는 왕으로 알려졌다.

북쪽으로 오서산(烏栖山)이 한눈에 들어오고, 금북정맥(차령산맥) 끝자락인 성주산 장군봉에서 남으로 크고 작은 봉우리들이 겹겹이 이어진 긴 산줄기가

2) 도선국사가 보령(保寧)을 둘러보고 만세영화지지가 있다고 한 데서 유래, 만세보령으로 부름.
3) 화려하여 한껏 무르익은 아름다움.

서해로 달린다. 우리는 왔던 길과 겹치는 심연동으로 가려다 먹방, 왕자봉 쪽으로 걷기 시작했다. 정상에서 스마트폰을 꺼내 방향을 알았으니 오늘은 문명의 편리함을 확실히 느낀 셈이다. 능선길 20분 남짓 걸어 신갈 · 물푸레 · 노간주 · 서어 · 산벚나무들이 드세다.

까마귀 소리는 먹을 것을 달라는지 시끄럽다. 다시 10분 후에 갈림길인데 바로 가면 왕자봉5.4 · 옥마정6.9 · 청라면사무소3.1, 오른쪽은 은선동 냉풍욕장1.4, 뒤쪽으로는 장군봉0.5킬로미터. 내려가는 길이 헷갈려 걱정하던 때 마침 얼굴이 닮은 부부 산동무를 만났다. 오늘 산에서 처음 보는 사람들이라 반갑게 인사했다.

"안녕하세요. 혹시 먹방으로 가는 길이 ……."
"먹방은 모르겠는데, 바위가 시커먼 탄광 많은 쪽인가?"
"바로 가면 물탕골인데요."
그렇구나. 심연동이 물탕골이니 그대로 가기로 했다.
"예, 조심해 가세요."

어느덧 오후 2시. 청라동 갈림길이 나오고 토종 잣나무 조림지를 지나 나이 많은 소나무 군락지에서 송진 뺀 흔적을 또 본다. 이 산에는 소나무를 비롯해서 느티 · 굴참 · 졸참 · 때죽 · 고로쇠나무들이 잘 자란다. 15분쯤 지나 먹방길(성주산 142 구조위치)을 찾으니 안심이 된다. 잠시 짐을 내려놓고 쉬면서 솔잎술 한 잔으로 긴장을 푼다. 왼쪽 산 아래 위치를 가늠하면서 곧장 내려 감태나무와 신갈나무 밀림지대를 10여 분 헤매자 임도길이 나왔다. 산 아래 마을이 빤히 보여 이젠 안심이 되지만 광산복구지대인 듯 돌마다 까맣다. 탄전지대(炭田地帶), 혹시 발을 잘못 디뎌 구덩이나 동굴에 빠질까 조심조심 내려간다.

마을 내려가는 임도

광산터

오후 3시 반경 먹방마을 간이 버스정류장이 있는 성주3리에 닿는다. 계곡물은 마르지 않았지만 바위마다 온통 검은색이니 과연 먹방이구나. 옳거니, 산에서 만난 아주머니 얘기가 맞다. 먹방골은 조선시대 철을 제조했다는 것과 나무 땐 그을음으로 먹을 만든 곳, 성주사 스님들이 먹을 많이 만들어 써서 먹방이 됐다는 등 여러 얘기가 있다.

"먹 묵(墨), 동네 방(坊)이다."

성주산은 오서산과 함께 보령을 상징하는 명산으로 석탄산지로 알려졌다. 석탄박물관이 가깝다.

"말씀 좀……. 절터까지 얼마나 걸리죠?"

"몰러. 성주까지?"

"젊었을 땐 20분이면 갔는디, 지금은 1시간 걸려."

길에서 만난 할머니 얘기를 뒤로하고 내려간다. 지금부터 산마을 지나는 길. 소나무사이 굴뚝에 연기가 모락모락 오른다. 날씨도 흐리고 추우니 아궁이에 불을 지피는 겨울 풍경은 운치가 있다. 불 때는 냄새 코를 즐겁게 하고 어느덧 먹방 삼거리까지 내려왔다. 걸어온 뒷산을 바라보니 산기슭엔 벌써 어스름이 따라오고 있었다.

산을 다 내려오니 골짜기가 깊어서 심연동(深淵洞), 성주산 맑은 물 골골이 흘러내려 빼어난 산수는 더할 나위 없다. 특히 일대의 계곡은 화장골이라 하여 수려함이 알려진 곳으로 4킬로미터에 이르는 계곡마다 울창한 숲을 즐길 수 있다. 우거진 숲과 맑은 물 감도는 절경은 가히 놀 만하다. 성주산 일대 목단명당 한 개가 이곳, 꽃이 숨어 있대서 화장(花藏) 골이라 부른다.

오후 4시경 성주사지 주차장에 도착했다. 관광안내판에는 오천항, 외연열도, 죽도, 보령호, 대천해수욕장, 무창포 신비의 바닷길 등 많은 볼거리가 있지만 대천해수욕장으로 30분가량 차를 몰았다. 대천포구는 남포(藍浦) 이름 그대로 쪽빛이다. 서해낙조를 보려는지 철지난 바닷가엔 청춘남녀들이 먼 바다를 바라보고 있었다. 조개구이에 딱 한 잔이다.

탐방길

- **정상까지 4.5킬로미터, 2시간 45분 정도**

성주사 터 → (30분 *관람시간 포함)먹방 삼거리 → (15분)백운교 정류장 → (15분)백운사 → (50분)묘지 → (55분)성주산 장군봉 정상

* 눈길 더디게 두 사람 걸은 시간(기상·인원수·현지여건 등에 따라 다름).

구름 머무는 억산, 운문산

미치광이풀 · 억산전설 · 은방울꽃 · 운문산 초적 · 영남알프스

피톤치드 · 페트리커 · 나무의 겨울나기 · 상운암 · 당귀

대자대비(大慈大悲)[1]로 오르는 산

대비사(大悲寺) 절집에서 신록을 따라 40여 분 걸어갔다. 길옆에는 병꽃, 부지깽이, 우산나물, 산초……. 모든 식물들이 새 잎을 틔우고 있다. 바위 많은 계곡에 앉아 잠시 한숨 돌리고 집에서 가져온 물은 계곡물로 새로 채우는데 손이 시리고 가슴까지 시원하다.

지금부터 40분 더 올라야 하는 산이다. 바위 그늘에 감자 잎과 자리공을 섞은 듯한 검붉은 미치광이 꽃이 종 모양으로 밑을 보고 피었다. 4~5월 꽃이 아래로 처져 피고 독성이 강해 나물로 알고 잘못 먹으면 사람이나 산짐승들이 미친 듯 눈동자가 풀려 발작해 정신을 잃는다. 미치광이풀, 어쩌다 이렇게 무시무시한 이름을 얻었을까? 광대작약, 미친풀이라고도 한다. 가지과의 이 식물은 동낭탕(東莨菪)이라 해서 뿌리줄기를 약으로 쓴다. 신경통 · 관절염 · 간질 · 알코올수전증 · 종기 · 옴 ·

1) 넓고 자비로운 부처나 보살의 마음.

대비사

병꽃나무

버짐에 효과 있지만 주의해야 한다. 진통제 원료로 제약회사들이 마구 사들이는 바람에 멸종위기 식물이 됐다.

숨이 턱턱 차오른다. 땀은 비 오듯 하고 험한 바위산 입구부터 억장이 무너지는 산. 드디어 팔풍재 능선, 가슴이 탁 트인다. 눈앞에 멀리까지 펼쳐져 가릴 것 없는 일망무제(一望無際), 영웅들이 다투어 세력을 과시하듯 군웅할거(群雄割據), 산마다 높이를 뽐내면서 먼 하늘 끝으로 치달았다. 산의 무리 가운데 억만건곤(億萬乾坤), 하늘과 땅 사이에 최고라고 억산이라 했던가? 억만금을 벌게 해 준다며 이산에 오르는 사람들마다 복권당첨과 사업번창을 빌기도 한다. 나의 소견으로는 운문산보다 더 용맹한 산이 억산이라고 여긴다. 운문산은 푸짐한 흙산(肉山)이요 억산은 우악스런 바위산(骨山)이다. 정상의 붉은 진달래 사이로 발아래 모든 것이 흔들리고 있었다.

뱀을 두 번씩이나 만났다. 그 옛날 이무기가 바위를 깨뜨렸으니 뱀이 많을 수밖에……. 산 아래 대비사 상좌(上佐)[2]는 밤마다 홀린 듯 밖으로 나갔다 오면 몸이 싸늘해졌다. 불을 땠는데도 이를 수상히 여긴 스님이 뒤를 밟았더니 대비지(大悲池) 못에 상좌가 옷을 벗고 뛰어들자 이무기로 변했다. 놀란 스님이 "거

2) 대를 이을 중. 또는 심부름 하는 중

기서 뭘 하느냐?"고 소리치자, "1년만 있으면 천 년을 채워 용이 되는데……."라며 억산으로 도망치면서 꼬리로 봉우리를 내리쳐 바위산이 두 개로 갈라졌다고 한다. 동쪽에 있는 석골사에도 비슷한 전설이 있는데 상좌의 인품과 학덕이 스님보다 높았던 모양이다. 이를 불쾌하게 여긴 스님은 마법을 걸어서 상좌를 독룡(毒龍)으로 만들어 버렸다. 상좌는 분통을 참고 열심히 도를 닦으면서 옥황상제에게 하늘로 오르게 해달라고 했으나 거절당하자, 몸부림을 쳐서 바위가 쩍 갈라졌다고 한다.

독사

대비사 원점까지 거의 4시간 걸어 내려오니 고즈넉한 절집 앞에 스님 둘이 밭에서 일한다. 속세를 잊을 수 있으니 어쩌면 참 행복하다 싶었다. 대비지는 그야말로 에메랄드 빛 연못이다. 오염되지 않은 산자락에서 물이 내려오니 맑을 수밖에……. 윗물이 맑으니 아래는 찬란하다.

석골사 계곡 물소리 따라서

석골사(石骨寺) 입구 바위 아래로 떨어지는 물소리가 길어졌다. 나뭇가지 아래 보이는 폭포수를 뒤로하고 절집으로 오르니 자주색 모란꽃과 빈 의자가 어울려서 아기자기한 마당이 정겹고 봄날의 나뭇잎도 여리다. 먼저 간 태아의 혼을 위해 신위[3]를 놓고(先亡精胎中之哀魂靈駕) 재(齋)[4]를 올리는 걸까? 지금도 찬성・반대가 있지만 새 생명의 절반이 빛을 못보고 사라지니 슬픈 일이다. 이승과 저승 사이에서 떠도는 영혼들과 지은 업에 따라 다음 생을 받는다는 선악의 순리를 새기면서 산에 오른다. 오늘 하루라도 속세의 집착을 끊으려 산으로 간다. 맑고 깨끗한 곳으로 갈 수 있을까?

3) 영혼의 자리(죽은 이의 사진이나 지방 따위).
4) 엄숙하게 올리는 여러 의식.

석골사

억산 오르는 길 아래

절을 두고 오른쪽으로 가면 상운암, 운문산인데 우리는 억산으로 올라간다. 바위와 참나무들이 어울린 산길은 경사가 급하다. 뚝뚝 흐르는 땀을 손수건으로 연신 닦으면서 흥미로운 식물은 다시 보고, 적고, 사진기에 담는다. 턱잎(托葉)이 오랫동안 남는 덜꿩나무에 비해 심장모양 잎과 잎자루(葉柄)가 길고 "사랑은 죽음보다 강하다"는 꽃말을 가진 흰 꽃, 산가막살나무는 확실히 알겠다.

은방울꽃

명이나물(산마늘), 비비추 비슷한 은방울꽃은 독이 있어선지 손길을 타지 않고 나무 아래 빼곡히 자라고 있다. 잎이 비슷해서 잘못 먹으면 죽는다. 맹독성 독초, 한방에서 강심제로 극소량을 쓰지만 까딱하면 목숨을 잃을 수 있다. 야생동물도 이 식물은 절대 먹지 않는다. 은방울꽃을 꽂아둔 꽃병의 물을 애완동물에게 먹이면 죽을 수도 있다. 5월경 하얀색 꽃이 아래로 처져 종처럼 피는데 아름다운 생김새와 향기가 좋아 웨딩부케, 향수의 원료로 비싸게 친다. 유럽에선 요정들이 밤의 축제를 하고 컵을 걸어놓고 갔는데 꽃이 되었다 한다.

한 시간 반 정도 올랐을까? 해발 944미터 억산 정상이다(석골사2.8 · 운문산

4.2 · 범봉2.6 · 팔풍재0.6킬로미터). 동쪽 운문산 밑에 상운암이 동남방으로 희미하게 모습을 드러내고 일찍 올라온 덕택에 이 산에 우리가 첫 손님, 하긴 석골사 입구에 8시 조금 지나 도착했으니 억산 정상은 10시쯤이다. 억산의 조망은 건너편 암릉에서 보는 것이 훨씬 낫다. 바위에서 조심스레 내려오다 보니 쇠물푸레나무 한 무더기 뿌리째 넘어져 있다. 일으켜 세우다 힘이 부쳐 할 수 없이 지날 수밖에……. 절벽을 돌아 진달래 군락지 아래로 가파른 내리막길인데 나무계단이 놓여 덜 위험하다.

팔풍재(석골사2.7 · 억산0.6 · 대비사2.6 · 운문산3.7 · 딱밭재1.9킬로미터)에서 한 시간 정도면 석골사, 대비사로 내려갈 수 있지만 우리는 동쪽 능선을 향해 내닫는다. 잠시 후 도착한 범봉은 해발 962미터로 억산보다 더 높지만 장중함에 눌렸는지 위용은 없는 산이다.

"푸 후 ~"

덥고 숨이 차서 연신 숨을 몰아쉰다.

물 한 잔 들고 다시 운문산을 향해 무거워진 걸음 옮긴다. 닥나무 밭이 있었던가? 딱밭재 갈림길(운문사4.5 · 석골사2.6 · 운문산1.8킬로미터) 너머 흐릿한 운문, 여기서 갈 수 없는 곳이다. 안내판에는 생태경관보전지역으로 지정됐다지만 운문사에서 운문산 등산은 10년 전부터 지금까지 실패했다.

"출입금지."

운문사는 신라 진흥왕 때 지었고 근처의 가슬갑사에서 원광법사가 세속오계(世俗五戒)를 전한다. 일연스님이 잠시 머물렀으며 고려 왕건 때 크게 고쳐지었으나 임진왜란 때 불탔다. 여자승려 비구니 승가대학으로 유명한 절이다. 이쪽에서 출입금지 팻말에 막혀 더 이상 기록할 수 없으니 안타까울 따름이다.

왼쪽부터 억산, 범봉, 운문산

고려 무신정권의 강탈에 못 견딘 농민들은 험한 산을 근거지로 도둑이 되기도 했다. 이들을 초적(草賊)이라 불렀는데 주로 운문산이나 황해도 구월산, 서울 관악산 등 공물(貢物)[5]을 운반하는 지역으로 습격하기 쉽고 산에 오르면 관군도 접근하기 어려운 곳을 택했다. 특히 운문산은 폭압에 운문적(雲門賊)으로 불리던 김사미의 난이 일어난 곳이다. 조정의 수탈에 백성들이 시달리자 1193년 7월 농민들과 반란을 일으켜 1년간 힘을 떨쳤다. 울산의 효심과 같이 이의민을 왕으로 만들려했다는 얘기도 있다. 그의 이름 사미(沙彌)는 승려가 되기 진의 수행자를 이른다. 앞서 1176년경 공주 명학소의 망이 · 망소이의 난 등 수많은 민란이 일어났다.

딱발재에서 운문산까지 힘을 많이 썼다. 석골사에서 바로 올라오지 않고 억산으로 7~8킬로미터 돌아왔으니 그럴 수밖에……. 스틱(stick)을 힘차게 딛고 점차 숨소리도 가늘어졌다.

---

5) 왕실이나 조정을 위해 거둬 내게 한 물품.

범봉

운문산

"한참 쉬었다 가자."

운문산 팻말도 지쳐 떨어져 있다(억산3.6 · 석골사4 · 딱발재1.6 · 상운암0.5 · 운문산0.5킬로미터). 12시 10분쯤 정상에 도착하니 뙤약볕에 날은 뜨겁고 구름은 간 곳 없다. 이름이 아깝다.

"글자는 시원하게 팠네."

운문산(雲門山) 1,188미터. 먼저 올라 온 이들에게 사진 한 번 부탁했더니 잘 나온 것 골라 쓰라며 두 번 찍어준다. 산에 오르면 누구나 순하게 된다. 갇힌 것들을 열어주고 부드럽고 맑게 하며 흐린 것과 욕심도 발아래 둘 수 있다. 시달린 이들에게 하늘을 구름을 보여준다. 바라보면 그저 산일 뿐, 나무와 부딪히고 산바람 맞으며 계곡의 물을 마셔야 무엇인가 느낄 수 있다. 새소리에 귀 기울이고 흙에 미끄러지고 뒹굴 수 있어야 비로소 산은 가까이 산으로 다가온다. 신갈 · 쇠물푸레 · 주목 · 고로쇠 · 소나무들이 어울려 자란다.

구름 머무는 운문산은 운문사에서 따온 이름인데 청도 운문면과 밀양 산내면 경계에 있다. 가지산(1,241), 천황 · 사자봉(1,189), 신불산(1,159), 영축 · 취서산(1,081), 고헌산(1,034), 간월산(1,069) 등과 함께 영남알프스라 불린다. 이곳에서 동북쪽으로 뻗은 가지산은 5.4킬로미터(석골사4.5, 억산4.1). 맏형격인 가지산은 고헌산에서 간월산, 신불산으로 지나가는 낙동정맥[6]의 분기점이기도 하다. 부근에는 통도사, 석남사, 운문사, 표충사의 오래된 절이 있다. 날은 덥고

6) 태백 구봉산(九峰山)에서 부산 몰운대(沒雲臺)에 이르는 산줄기 약 370킬로미터.

운문산 발아래

정상에 그늘은 없지만 키 작은 참나무 옆에서 배낭을 푼다. 푸성귀, 마늘줄기, 오가피순 장아찌에 밥 한 덩이, 그야말로 배고플 때 조금 먹는 점심(點心)이다. 20분 내려서니 구름위의 암자 상운암. 하산 길은 계곡 물소리가 시원하다.

상운암 가는 길

처음 상운암을 거쳐 운문산으로 오른 것은 1998년 3월이었다. 얼어버린 진달래 봉오리들이 찬바람에 애처롭다. 겨울답잖은 봄 같은 날씨, 성급하게 나온 새순들이 기습적인 추위에 꼼짝없이 당하고 만 것이다. 올라가는 길은 때묻지 않은 순연함 그대로다. 고샅[7] 돌담에 붙은 담쟁이 몇 잎 안쓰럽게 매달려 있고 겨울바람에 나뭇잎 이리저리 쓸려 다닌다.

좁은 산길은 동화 속 그림처럼 멀리 나 있다. 길섶으로 오리나무, 참나무 잎들이 수북 쌓여 바스락 바스락 몇 발 더 옮기면 푹푹 빠진다. 사람들에 의해 난

7) 시골 마을의 골목길.

것이 아니라 물길 따라 그냥 만들어진 길이다. 좀 더 올라가니 계곡마다 물이 흐른다. 큰 바위 두 개를 얹은 중턱에는 멋대로 갈겨놓은 낙서가 거슬렸지만, 깊은 산에서 바윗돌로 철철 넘쳐흐르는 심산유수(深山流水)에 마음을 씻는다.

과일껍질, 과자부스러기, 간혹 버려진 사람의 흔적이 곳곳에 묻어 있다. 감귤껍질을 버리면 안 된다 하니 거름되기 때문에 괜찮다고 한다.

"썩으면서 생기는 탄산가스에 식물들은 고통스럽다."

"쓰레기 버리는 것 보다 낫지."

"식물의 면역을 떨어뜨리게 돼."

식물마다 특별하게 뿜어내는 물질이 있다. 끊임없는 병원균 공격에 도망갈 수 없어 조금이라도 약해지면 곰팡이가 생겨 썩어 버린다. 이들은 살아가기 위해 우리가 상쾌하다고 느끼는 냄새를 뿜는데 방어물질(phytoncide)[8]인 셈이다. 바꾸어 말하면 숲속 식물이 만드는 살균성 물질을 아울러 피톤치드라고 일컫는다. 주성분은 테르펜(Terpene), 향긋한 방향(芳香)이다. 피톤치드 효과를 보려면 우선 찌든 마음을 가라앉혀 정화시켜야 한다. 숲 한가운데서 공기를 깊이 마셨다 천천히 뱉는 복식호흡이 효과적인 삼림욕이다. 늦봄부터 늦여름까지 햇볕이 많고 온도 · 습도가 높은 오전, 저녁 무렵이 좋다.

처음 비 내릴 때 산길을 걸으면 페트리커(Petrichor)[9]도 있다. 흙 속의 박테리아가 만드는 화학물질의 일종 지오스민(geosmin)[10]이 비와 섞여나는 독특한 냄새. 나는 이 냄새를 맡으면 기분이 좋아져 비오는 날 꼭 날궂이를 한다. 감성적일까? 동물적 감각이 뛰어난 것일까? 어쨌든 산에 가면 좋은 기(氣)를 받을 수 있다. 그러나 3천 미터 넘는 높은 산들은 위압감을 줘 사람과 교감이 어렵다.

---

8) 1930년대 러시아 토킨(Tokin) 박사가 처음 부른 것으로 알려졌다.
9) 그리스어 Petri(암석)+ ichor(신의 피).
10) 그리스어 Geos(Earth) + min(odor), 뿌리와 섞여나는 땅 냄새.

이 산의 눈 덮인 겨울, 나무들은 추운 날 어떻게 견디면 살아갈까? 앙상한 가지는 죽은 듯해도 이른 봄 어김없이 새잎을 틔우니 신기하다. 겨울에 얼어 죽지 않기 위해 늦가을이 되면 나무는 벌써 몸 안의 물을 30퍼센트 가량 빼내 당분농도를 높인다. 자동차로 치면 겨울철에도 얼지 않는 부동액이다. 러시아의 자작나무는 영하 70도의 강추위에도 이런 방식으로 견딘다. 생존의 지혜는 동물이나 식물이 마찬가지다. 땅에 바짝 붙어살면서 겨울 바람을 피하는 질경이, 민들레, 작은 배추 등을 장미꽃 모양 둥글게 돌려나므로 로제트(rosette)식물로 부른다. 땅바닥에 납작 엎으려 있으니 밟혀도 죽지 않고 동물이 잘 뜯어먹기도 어렵다.

쏴아 내리 쏟는 물밑에 다시 졸졸졸 흐르는 돌 틈마다 샘물 세상이다. 두 손으로 마시니 가슴이 후련하다. 아직도 산비탈 고드름이 덜 녹아선지 속이 서늘해지는데, 배낭에 달린 컵은 달랑달랑 걸음 옮길 때마다 풍경소리를 낸다. 이따금 바람이 스치면 이마에 맺히는 땀방울, 인적 끊긴 산길을 한참 오르니 앞선 나그네가 반갑다.

골골이 물이 흔한 탓일까 디디는 발자국마다 미끄럽기는 마찬가지. 그래도 진흙을 묻힐 수 있으니 얼마나 다행인가? 꼭대기에 거의 왔다 싶을 때, 오른쪽으로 빛바랜 지붕이 성큼 다가온다. 안내판 하나 없는 암자, 대충 가린 함석에 페인트로 쓴 상운암이다. 마당에서 굽어보는 산 아래는 하얀 치마폭을 풀어놓은 듯, 길게 물줄기처럼 흘러가고 청룡과 백호의 흔적도 뚜렷이 뻗어 있다. 군데군데 병풍처럼 둘러쳐진 바위들, 노끈으로 만든 의자를 지키는 수백 년 주목나무가 이름난 터라고 알려준다.

분 냄새일까? 어디서 많이 맡아 본 향기에 갑자기 화끈거리며 무엇엔가 홀린 기분이다. 아직도 욕망이 가득하구나. 세상을 잊으려 산속으로 찾아 든 번

민(煩悶)[11]이 이랬을까? 눈 한 번 내리기 시작하면 며칠씩 펑펑 퍼부을 것 같은 골짜기의 암자, 귀를 세우고 있으면 눈 무게를 견디지 못해 언 나뭇가지 뚝뚝 부러지는 소리 들리는 듯 하다. 눈의 심술을 피해 종종 이곳으로 찾아들었을 나그네들, 어느 암자의 전설처럼 여기서도 밤이 되면 스님은 다섯 살 아이와 관세음보살 외고 있을까? 겨울을 나기 위해 바람 같이 다녀간 산짐승의 자취가 군데군데 애처로이 묻어 있을 뿐…….

"한 잔 해."

종이컵에 감빛 물이다.

"이게 무슨? 맞다 당귀차."

설령 물욕에 젖었더라도 고운 손길의 감촉이 이보다 더 반가울까? 반쯤 입안을 적시니 온몸으로 약초 기운이 흐른다. 산속에서 느끼는 감동치고는 과분한 것 아닐까? 암자에서 차를 내어놓는데 오는 이들마다 한 잔씩 하고 가지만 그냥 발걸음 옮기기 쑥스럽다.

당귀는 찬 곳을 따뜻하게 하고 어혈(瘀血)[12]을 없앤다. 뿌리를 달여 차를 만드는데 미나리과 방향성 식물이다. 큰 것은 1미터까지 자라고 8~9월에 짙은 자주색 꽃이 핀다. 당귀(當歸), 마땅히 돌아오기 바라듯 예전에 전쟁 나가는 남자의 품속에 당귀를 넣어줬다는 풍습이 있었다. 힘이 떨어졌을 때 먹으면 회복된다고 믿어 기력이 제자리로 돌아온다고 당귀였다.

만리다향(萬里茶香), 이 산 저 산 향기 가득한데 안개구름은 산 밑의 탐욕과 어울려서 더욱 흐리다. 연기처럼 흐트러진 한갓 저 발아래의 몹쓸 짓, 거대한 건설장비 소리가 시끄럽다. 개발을 내세워 얼마나 많은 자연을 괴롭혀 왔던가? 수많은 동식물들이 사라진데도 아랑곳없다. 앞으로 가는 듯해도 결국 뒤로 물러서고 마는 어리석음의 되풀이, 속도와 결과만을 앞세운 채 소중한 것들

11) 마음이 번거롭고 답답하여 괴로움.
12) 피가 제대로 돌지 못해 한 곳에 머물러 있는 증상.

상운암

을 얼마나 많이 사라지게 했던가? 오로지 편리만을 좇아 물질을 향해 달리는 현재. 인간의 습격으로 우리나라 생물 10만 종 가운데 해마다 500종[13], 매일 1.4종씩 사라지는 것으로 추정한다.

산 아래 점점이 찍힌 집들이 오밀조밀 모여 있다. 산 하나 넘으면 이승이요 저승인 것처럼 능선을 사이에 두고 경계를 이루니, 스스로 둘레를 치고 빗장을 걸고 있지 않은지? 아래서 올라온 한 줄기 구름 우르르 몰려다닌다. 햇살 받은 연못은 영롱하다 못해 눈이 부시고 마을 어귀 느티나무 까치집이 마지막 자연임을 말해 주고 있다.

탐방길

● 대비사(억산 정상까지 3.8킬로미터, 2시간 정도)

대비사 → (40분)계곡 바위지대→ (50분)팔풍재 → (30분)억산 → (1시간 5분*30분 휴식 포함) 팔풍재 → (1시간 40분)대비사

● 석골사(석골사 → 억산 → 운문산까지 7킬로미터, 3시간 50분 정도)

석골사 입구 → (10분)석골사 → (1시간 30분)문바위 갈림길 → (5분)억산 → (30분)팔풍재 → (25분)범봉 → (20분)운문사 갈림길 → (45분)상운암 갈림길 → (5분)운문산 → (1시간*점심 25분 포함)상운암 → (45분)계곡 → (55분)팔풍재 갈림길 → (15분)석골사

* 2~8명 정도 걸은 평균 시간(기상·인원수·현지여건 등에 따라 다름).

13) 한겨레 2006.12.12.

울진 십이령 금강소나무 숲길

죽변 등대 · 향나무 · 소나무 유래 · 복령 · 매눈 열녀각 · 보부상 · 오배자
황장금표 · 대왕소나무 · 서낭당 · 감태나무 · 꼬리진달래 · 성류굴 · 남사고

등대에서

죽변 등대 입구에 도착하니 11시쯤 되었다. 7월 20일 토요일 날씨는 더웠지만 바닷바람이 시원하게 불어와서 좋다.

"이쪽으로 오십시오."

등대 앞 그늘이 드리워진 쉼터에 모두 앉았다.

"등대는 왜 필요할까요?"

"어부들이 고기를 잘 잡도록……."

"배를 보호하는 것."

"고등학생, 대학생이 된 여러분들 실력 60점. 등대는 바다에 안개가 끼면 부~우 하고 무적(霧笛)[1]을 울리거나 밤에 불빛을 반짝여서 배가 안전하게 항해하도록 알려 주는 시설입니다. 등대 불빛은 20초에 한 번씩 반짝이는데 3~40킬로미터 거리에서도 볼 수 있어요."

"죽변 등대는 프랑스인이 설계하였고 상승감과 미학적으로 뛰어난 건물로 일제강점기 때 지었습니다. 이곳은 지정학적, 전략적 요충지로 대략 울릉도 128 · 포항124 · 영주120 · 강릉114킬로미터 거리입니다. 러일 전쟁 때 해상

1) 안개피리(주물재질에 공기를 불어서 소리 냄), 안개 · 눈 · 비로 바다 날씨가 나쁠 때 배들의 충돌을 막기 위해 등대에서 위치를 알려주는 소리.

전투가 벌어지기도 했습니다. 과거에는 등대 안으로 들어가서 바다를 바라볼 수 있었는데 지금은 통제를 합니다. 여러분들도 인생항로에 필요한 등대가 되시기 바랍니다. 제 이야기에 동의하는 사람들만 박수 ~ " 함께 치는 박수소리는 짧지만 등대사무소 이름 한 번 되게 길다. "해양수산부 포항지방해운항만청 죽변항로표지관리소."

상승감과 미학적으로 뛰어난 죽변 등대

죽변은 경상도 최북단 항구다. 대나무가 많아서 대죽(竹), 가장자리 변(邊)을 쓴다. 신라 때 왜구를 막기 위한 성(城)과 봉수대가 있었고, 용꼬리 지형이라 용추곶이라 불린다. 등대 일대는 1905년 무렵 러시아군을 감시하기 위한 망루가 설치되었고 러시아·일본 군함의 전투가 벌어지기도 했다. 1930년대 기범병용선(機帆竝用船, 아이노코)의 발상지이며 정어리 집산지로 이름을 떨쳤다. 죽변등대는 1910년 건립된 울진 지역 최초의 등대로 6·25전쟁 때 폭격으로 부서진 것을 이듬해 고쳤다. 등대 인근 마을을 "후리깨"라 하는데 함경도 사람들이 피난 와서 살았다.

드라마 세트장에는 수리를 하는 건지 어수선하고 대나무 숲길에 만들어진 우물이 개구쟁이 시절을 생각나게 한다. 계단 밟고 올라오는 일행들에게 시원한 물 한 두레박씩 선물했다.

"우와~ 피해요. 물이다."

한 바탕 소동으로 땀을 닦고 대나무, 곰솔 길을 걸으면서 바닷바람을 맞는다. 곰솔은 해송(海松)이라 하는데 나무껍데기가 검다고 검솔, 곰솔이 되었다. 모처럼 온 바다, 낭만이 있고 가슴은 물결처럼 울렁인다. 12시쯤 바다를 바라

죽변 앞바다. 파도와 어우러진 갈매기가 장관이다

보며 파닥파닥한 생선회 맛에 모두 감탄 한다.

오후 1시 넘어 항구에서 배를 탔다. 검푸른 파도를 헤치고 바다로 나가는데 뱃머리에 나란히 앉아 처음 타는 배라며 신기해한다. 바람도 알맞게 불어 항해하기 좋고 지나가는 배는 갈매기 가득 싣고 돌아오는데 바다는 온통 갈매기 천국이다. 만선(滿船)이겠지. 아득해지는 뭍을 바라보며 저마다 사진 찍기에 바쁘다.

바다와 육지 사이가 멀어질수록 파도는 거세고 뱃머리 요동이 심해진다. 우리가 조금 전까지 있었던 하얀 등대가 잘 보여서 손으로 가리켰다.

"오른쪽 등대를 봐요."

의외로 등대를 잘 모르는 우리 학생들에게 무슨 얘기를 해줘야 할까? 이런 주문을 하는 것 자체가 미안한 일이지만, 휴일 없이 학교에 가둬놓은 교육정책의 결과라고 말하고 싶다. 현장 교육이 실종된 서글픈 현실을 어찌 한탄하지 않으랴? 고액 과외로 학원가를 배불리고, 오로지 입시를 위한 수능기계로 떨어진 학생들. 항구에 묶어두려고 배를 만든 것이 아니므로 바다로 나아가야 한다.

천연기념물인 500년 된 죽변 향나무는 공사 중이라 차창으로 보면서 지나간다. 해풍을 맞아서인지 붉은 빛을 띠고 향이 진해서 귀한 나무로 알려져 있다. 밑동에서 브이(v)자로 갈라져 키가 10미터 넘는다. 성황당이 옆에 있어 신목(神木)으로 보호 받고, 울릉도에서 파도에 떠내려 왔다고 한다.

두천리 보부상 십이령 길

오후 3시 30분 십이령길 입구에 도착했다. 돌다리를 건너면 여기서부터 걷는 산길. 안내부스에서 숲 해설사 한 분이 다가온다.

"안녕하세요?"

"예, 25명입니다."

"시간이 여의치 않아 성황당까지……."

"잘 다녀오세요."

울진 숲길로 알려진 십이령길은 해설사와 동행해야 갈 수 있고, 하루 탐방 인원을 제한한다. 영동과 영서를 잇는 보부상(褓負商)[2]들의 옛길, 울진군 북면 두천리 내성행상불망비(乃城行商不忘碑) 앞에는 햇볕이 뜨거워서 개울 쪽에 잠시 섰다.

"지금부터 십이령길 입니다. 여러분들 앞에 있는 저 철비(鐵碑)는 보부상들을 도와준 사람에게 보답하기 위해 세웠습니다. 옛날이 근처에 철이 많이 생산되어 돌 대신 철비

내성행상불망비, 두개의 철비가 있다

2) 봇짐이나 등짐을 지고 행상하는 장사꾼.

두천리 계곡 다리를 건너면 십이령길이다

십이령 오르는 일행들

를 만들었고, 십이령은 죽변, 북면, 울진 세 곳에서 출발한 보부상들이 이곳에서 집결, 내성장을 보러 다니던 열두 고개를 일컫는 것입니다. 주로 소금, 어물, 해산물을 지고 가서 돌아올 때는 담배, 곡식, 약재들과 물물교환 해서 돌아오곤 했는데, 보통 사나흘에서 십여 일 이상 걸렸죠. 오늘 여러분들께서는 단순히 숲길을 걷는 것이 아니라 100여 년 전 보부상이 되어 산길을 걷는 것입니다. 자 그럼 지금부터 출발하겠습니다."

산을 좋아하는 마음은 뜨거운 햇살을 압도하는데 입구에는 드문드문 바윗돌과 참나무 잎이 만발하고 마을의 축사, 창고며 마늘밭엔 일손이 한적하다. "말래" 이는 두천(斗川)이다. 흐르는 물이 얼마나 아름답고 맑았으면 말래라고 했을까? 흘러가는 물길, 세월이 유수라 해도 물길처럼 빠르지 못할 것이다. 물길은 어느덧 고갯마루까지 일행들을 흘려보냈다. 오솔길 조금 오르니 금빛을 띠는 장대한 소나무, 천상으로 올라가는 듯 이곳은 최고의 소나무 숲이다. 늘씬한 나무들, 하늘 찌르는 씩씩한 기상, 옥에 티끌이라 했던가? 오래전 그을린 나무가 서 있다. 화전민들 속에서도 용케 살아남은 금강송, 소나무 냄새를 맡지 않고, 솔바람을 느끼지 않고서 숲을 노래하지 말라, 이 숲에서 욕심도 없는 오로지 물 한 병……. 기린초, 익모초, 각시붓꽃. 산길을 한참 오르니 폭 50센티도 채 안 되는 옛길이다.

날씨는 덥고 길옆으로 생강 · 개옻 · 쪽동백 · 신갈나무, 사초 · 관중 · 느삼 · 광대싸리 꽃들이 반겨준다. 30분가량 걸어왔더니 붉은색 소나무들이 눈에 들어오는데, 소나무는 200년 이상 되면 심재가 누렇게 변하면서 수분이 줄어 가볍고 단단하여 나이테가 치밀해 진다. 이처럼 심재가 단단해서 금강소나무, 금강산에 많이 자란다고 해서 금강소나무 또는 강송이라 부른다. 300년 정도 되면 거북등처럼 육각형으로 바뀌면서 비로소 위로 크던 것이 제대로 굵어지기 시작한다.

땀을 닦고 한숨 돌리니 솔 내음이다. 나는 짙은 향기보다 밋밋한 흙냄새, 솔냄새가 좋다. 소나무는 솔, 수리, 으뜸이라는 데서 유래하고 적송, 황장목, 금강송, 홍송, 해송, 곰솔, 춘양목, 강송, 미인송, 반송, 백송, 용송, 황금송 등 많기도 하다. 지역특성에 따라서 동북형, 금강형, 중남부형, 안강형 소나무로 부르기도 한다. 소나무는 백가지 나무의 대표로 한국인들의 혼이 깃든 나무다. 금줄에 솔을 달아 태어난 것을 알려 솔의 신성을 깃들게 하였다. 솔가지로 땔감을 했고 솔숲에서 호연지기를 기르면서 사철 푸른 절개를 본받아 살다가 소나무 산에 묻히는 것이다.

소나무는 단순한 나무가 아니라 신목이었으며 절개, 장수를 상징하고 잎이나 열매는 성인병예방으로 많이 썼다. 색깔이 곱고 결이 단단해 목공예품의 으뜸이며 독특한 향기로 벌레가 사라지고 항암, 해소, 천식에 효과가 있다고 한다. 잡귀를 물리치고 액운을 막으며 행운목으로도 알려져 왔다. 이 일대 금강소나무 숲은 우리 소나무의 원형으로 유전적으로 우량한 수형목들이 자라고 있다. 잎에는 윤기가 많고 윗부분은 껍질이 붉은 색이며 아래쪽은 회갈색에 거북등처럼 육각형으로 갈라진 것이 특징이다. 특히 동해안 해송 꽃가루가 봄바람에 날려 내륙의 소나무(陸松)와 섞여(交雜) 울진 금강소나무가 된다. 잡종이 우수한 성질을 나타내는 것이다.

직선으로 뻗은 금강소나무

누리장나무의 만발한 꽃

소나무에서 나는 복령(茯苓)은 희귀 약재다. 소나무를 벤 뒤 3~10년이 되면 뿌리에 기생하는 균으로 신선한 냄새가 난다. 북한에서는 솔뿌리혹버섯이라고 하며 갓을 만들지 않는 20센티미터 크기 담홍색 덩어리다. 뿌리가 복령을 뚫고 있는 것을 복신(茯神), 껍질은 복령피, 색깔에 따라 백복령, 적복령이라 하여 모두 한약으로 쓴다. 기관지염・만성위장염・신장염・방광염・요도염 치료제로 쓰고 초조불안・식은땀을 흘릴 때 안정제로 좋다.

산행 중 노랫소리가 나오는데 휴대폰을 끄라고 일렀다.
“산에 왔으면 새, 나무들과 놀아야 합니다.”
“쇳소리 같은 디지털 음과는 잠시라도 헤어집시다.”

옛날 십이령 가는 주요 길목마다 하루 몇 십 명씩 행상으로 들끓어 흥청거렸다. 죽변 쪽 십이령 초입인 “매눈”은 매를 닮은 바위가 있어 붙여진 이름인데, 당시 주막과 마방(馬房)에 사고가 많아 그 바위를 없애버렸다고 한다. 매눈마을 길옆에 울진장씨열녀비다. 임진왜란 때 첨정(僉正, 종4품) 주호는 고산읍성을 지키다 죽고, 왜놈이 부인 울진 장(張)씨의 가슴을 만지며 희롱하니, 스스로 젖통을 칼로 도려내 꾸짖으며 순절하자 놀라 도망갔다고 한다. 조정에서 영인(令人)[3]의 벼슬을 내렸다. 열녀각은 몇 년 전 도로 확장으로 언덕위에 옮겼는데 허름할 뿐더러 올바르게 정려(旌閭)[4]하지 못하고 있다.

죽변 항구, 향나무, 매눈, 돌재로 이어진 십이령은 넘는데 사나흘, 물물교환 후 돌아오는 데 열흘 이상 걸렸으니 무뢰한(無頼漢)[5]에게 물품을 빼앗기기도 했는데, 계(契)를 만드는 등 조직적이고 집단화된 상단(商團)이 1950년대 무렵까지 있었다. 보부상은 삼국시대 이후 물물교환으로 시작되었다가 점차 세력이 커지자 정치적으로 협력하였거나 이용되기도 했다. 조선 건국, 병자호란 때 남한산성과 권율장군의 행주대첩 군량미 조달, 1810년 홍경래의 난 때 보부상을 동원하였는가 하면, 병인양요가 발발하자 강화도 군량미 조달에 투입되기도 했다. 1860년대 보부청을 설치하여 전국의 보부상들을 관리하였는데 좌상(座上), 부좌상(副座上), 반수(班首), 접장(接長), 영좌(令座), 공원(貢員), 집사(執事) 등으로 위계질서가 있어 봉놋방[6]에서는 목침까지 서열이 있었다. 현재 두천리 "내성행상 접장 정한조 불망비(乃城行商接長 鄭韓祚不忘碑)[7]와 내성행상 반수 권재만 불망비(乃城行商班首權在萬不忘碑)"에서 보는 것과 같이 유력자를 으뜸으로 하여 행상을 하였는데, 날이 저물면 외딴 주막이나 민가에서 머물며 지게에 달고 다니던 솥으로 밥을 지어 먹기도 하였다. 미역, 간고등어, 소금 등을 얹은 다리 없는 바지게에 짤막한 작대기로 서서 쉬기 때문에 선길꾼, 바지게꾼이라 불렀다. 이렇게 내성에서 돌아오는 고생길, "오나가나 바지게 한평생 바지게 인생"으로 고갯길 넘나들며 시름을 달랬다. 뉘 집 낭군이 백리길 이 산을 오르내리며 두고 온 규방을 그리워했을까?

---

3) 조선시대 문무관 적처(嫡妻)에게 내린 정 · 종4품 벼슬.
4) 충신, 효자, 열녀 등을 동네에 정문(旌門)을 세워 표창하던 일.
5) 성품이 막되어 불량한 짓을 하는 무리.
6) 여러 사람이 자도록 된 주막집 방.
7) 1890년대에 세운 것으로 반수 · 접장(우두머리)은 내성 소천장 관리인으로 추정, 당시 현지 하당(下塘), 중당(中塘)에 철광산과 용광로가 있어 석비보다 제작이 쉬웠고 일제의 철재 동원령 때 땅에 묻었다가 해방 후 다시 세웠다.

"미역 소금 어물 지고 춘양장을 언제 가노 대마 담배 콩을 지고 울진장을 언제 가노 (중략) 가노 가노 언제 가노 열두 고개 언제 가노 시그라기 우는~"

1970년대 후반까지 물물교환으로 생업을 하던 죽변 후정리 방축골의 이복록씨가 마지막 도부(到付)[8]로 생존해 있다.

4시쯤 바릿재(소광리12.1 · 두천리1.4킬로미터)에 도착한다. 바리는 소, 말에 실은 짐을 셀 때 한 바리, 두 바리라고 하는데 바리재가 바릿재로 변한 것 같다. 잠시 후 임도길이 시작되는데 야콘 밭을 지나 길옆으로 두릅 · 오리 · 누리장나무들이 제 철 만난 듯 가지를 활짝 쳐들고 있다. 한껏 넓혀 놓은 길 따라 뙤약볕 맞으며 걷는다. 큰뱀무 · 하늘말나리 · 산수국 · 쑥 · 칡 · 싸리 · 산딸기 · 개망초 · 붉나무 · 고추나무가 깊은 산중임을 알려준다. 꽃은 어느덧 지고 말았지만 초여름 고추나무 흰 꽃은 시골처녀의 순박함을 엿볼 수 있다. 고춧잎을 닮아 마주나는 삼출복엽(三出複葉)[9]으로 재질이 단단해서 나무젓가락으로 그만이다.

길옆으로 계곡물이 소리 지르며 흐르고 붉나무는 푸른 잎을 기세 좋게 뻗쳤다. 열매집을 오배자(五倍子)라 하는데 붉나무 벌레집(蟲癭). 진딧물이 잎에 자극성 물질을 뿜어 생긴 혹주머니로 속이 비고 신맛이 난다. 한방에서 치질 · 혈변 · 위궤양 · 기침 · 코피 · 자궁출혈 · 가려움증 · 간보호 등에 썼다. 항산화작용이 보고되고 탄닌이 있어 잉크 원료로도 쓴다. 가을 무렵 햇볕에 말려 한약 달이듯 끓인다. 입안이 헐었을 때 달인 물을 머금고, 외용으로 쓸 때는 달인 물로 씻거나 가루 내어 뿌린다. 벌레가 든 오배자를 덖은(가열할 때 탄닌 분해로 살균물질 생성)뒤 벌레, 찌꺼기를 버리고 가루내서 환을 지어 먹기도 했다. 소금

8) 도붓장수. 물건을 가지고 이곳저곳 떠돌아다니며 파는 사람.
9) 3개의 작은 잎으로 된 겹잎.

이 귀한 산촌에서는 붉나무 열매를 찧어 우려서 두부용 간수로 썼다. 지한(止汗)·지해(止咳)·지리(止痢)·지혈(止血)·지탈(止脫) 등 다섯 가지에 효과가 있으므로 오배자라고 했다.

울진 숲길은 5개 중 4개 구간을 개방하는데 탐방인원을 제한하여 5월부터 11월까지 운영한다. 두천~소광리(13.5킬로미터) 구간은 쉽게 걸을 수 있어 4시간 정도면 완주할 수 있다. 우리나라 숲길 가운데 가장 많이 찾아오는 곳이다. 한국 관광 100선에 뽑혔다.

4시 20분 개다래나무 하얀 이파리, 개망초 꽃이 애절하고 길옆에는 고광·산뽕나무, 누리장나무는 남쪽 지방보다 잎이 좁고 길다. 계곡물은 바위에 떨어져 바람소리와 어울려 흘러가고 작살나무열매도 앙증스럽다.

같이 걷던 일행은 피곤한 듯하다.

"돌아갈 땐 계곡에 쉬었다 가자."

층층나무를 지나 누리장나무 꽃향기. 이맘때쯤 산새 따라오며 울고 으스름 등에 지고 분주히 집으로 돌아가던 시절, 그때의 향기 코끝에 맴돈다. 뒤에 오던 몇 사람은 힘 드는지 숙소에 먼저 간다고 연락이 왔다.

찬물내기쉼터 100미터 정도 못 미쳐 황장봉산(黃腸封山) 동계(東界) 표지다. 2011년 9월에 알려졌는데 발견자에게 상을 주면서 잡음이 생기기도 했다. 왕실의 관을 만들던 황장목(黃腸木) 벌채를 금하는 동쪽 표지로 높이 1미터쯤 되는 길옆의 바위에 "황장봉산 동계조성 지서이십리(黃腸封山 東界鳥城 至西二十里)" 글자가 새겨져 있다. 황장봉산은 동쪽 경계인 조성(鳥城, 안일왕산성)으로부터 서쪽으로 이십 리다. 이 일대에서 1992년 소광리 황장봉표(黃腸封標)에 이어 두 번째 발견된 곳으로 울진소나무의 우수성을 증명하고 있다.

샛재 오르는 길

5시 20분 찬물내기 정자(소광2리7 · 두천1리6.5킬로미터) 쉼터에 닿았다. 마을 주민들이 점심으로 산나물 비빔밥을 팔기도 한다. 시멘트 포장길을 두고 오른쪽 개울 건너 올라가는 산길. 가끔 산양이 나타나는데 잠깐

찬물내기 쉼터

사이 헷갈릴 뻔 했다. 산속엔 어느덧 햇빛이 숨고, 5시 30분 드디어 늘씬한 다리처럼 쭉쭉 뻗은 금강소나무들이 나타났다. 밀림을 헤치고 근엄한 유적을 찾은 것이 꼭 이런 기분이었으리라.

10분 더 오르니 샘물 맛이 좋다. 물병마다 모두 채우고 엄지손가락 치켜들어 찬사를 보낸다. 항상 느끼는 것이지만 도시의 물맛이 아무리 좋다 해도 산에서 흘러나오는 샘물에 비하면 물이 아닌, 그야말로 무용지물이다. 장구채, 노랑물봉선과 여기서도 개다래 백화현상이 나타나는데 종족번식의 기발한 유혹이라고 말한다. 6시경 새들도 쉬어간다는 해발 640미터 샛재(두천7.6 · 소광

대왕소나무(사진 울진군청)

5.9킬로미터).

고개를 넘어서자 기운 넘치는 공기가 상쾌하다. 한참 있으니 몸이 가벼워지는데 풍욕이요 삼림욕이다. 샛재 일원에는 2~300년 이상 되는 소나무들이 수천 그루, 앞으로 문화재복원으로 쓰일 나무들이다. 나무마다 노랗게 일련번호를 매겨 놓았고, 간혹 600백여 년 된 대왕소나무를 만난다.

"이 지역에서 형용사적 표현으로 대왕소나무라 부르는데, 나의 견해는 이렇습니다. 수령 600년 이상 되어야만 대왕 칭호를 받을 자격이 있다고 생각해요. 이에 못 미치는 것은 노송(老松), 전설과 품격을 더하면 고송(古松)으로 치고, 만고풍상을 다 겪은 고송의 시기를 지나면 신송(神松), 600살 이상 된 거룩한 존호가 대왕소나무입니다. 여기서 남동쪽 1시간 더 가면 서 · 북면 경계의 안일왕산(安逸王山 819미터)에 700살 되는 대왕소나무가 계십니다."

부족국가 시대 창해삼국(滄海三國)[10]인 실직국의 안일왕과 관련된 전설이 많은데 안일왕산과 왕피천은 왕이 피난 와서 붙여졌고, 통고산은 적군에 쫓기다 재가 높아 통곡산(通谷山), 통고산(通高山)으로 굳어졌다.

조령 성황사(鳥嶺 城隍祠) 옆에 앉아 잠시 쉰다.

"성황당과 성황사의 차이점이 뭘까요?"

"……."

"치성을 올리거나 제사를 지내는 건 똑같지만 성황사는 위패를 모십니다. 위패의 유무(有無)로 당호를 구분하는데요. 그럼 위패는? 죽은 사람 이름을 적은 나무패입니다."

"아 그렇구나."

조령 성황사

퇴락한 성황사 문을 열면서 먼지를 뒤집어썼다. 기와를 얹은 맞배지붕에 걸린 편액이 낡았다. 100년 더 된 이곳은 대관령 서낭을 본받아 처녀화상이 있었다 한다. 병과 액을 물리치고 안녕을 지켜 주는 수호신이다. 산신, 산왕, 선왕, 서낭으로 변천된 것 같다. 가운데 조령성황신위(神位) 옆으로 빽빽한 이름자는 시주(施主)한 사람들일까? 6시인데 산속이라 어두워 그만 되돌아가야겠다. 소광리로 곧장 내려가면 너삼밭재(소광2.5 · 두천11킬로미터), 저진터재(소광0.7 · 두천12.8킬로미터)로 갈 수 있지만, 소나무 한 번씩 멋지게 안아주고 왔던 길로 되돌아간다.

10) 창해삼국(滄海三國) : 강릉 예국(濊國), 삼척 실직국(悉直國), 울진 파단국(波但國, 波朝國).

빛내골 가는 길

고갯길마다 동해의 갯냄새와 선질꾼 땀내가 물씬하다. 등에는 온통 땀으로 젖었지만 열두 고개를 잇는 길에는 성황당과 불망비, 주막터가 눈길을 끌고, 조상님의 연륜을 지닌 소나무의 호위태세에 그냥 지나치지 못해 성황사(城隍祠)에 술잔을 올린다. 주변에는 온갖 새들이 지저귀며 산중의 손님을 맞이하고 새재가 십이령의 정수리인 듯 여기부터 소광리 가는 길은 내리막. 산당귀, 사초, 산동백사이로 졸졸 흐르는 숲속의 냇물과 아늑한 자리는 얼마 전까지 인적이 있었다는 걸 느끼면서 걷는다. 5~600살 어르신들이 띄엄띄엄 서 계셨다.

산은 나무가 숲을 이루고 바위와 짐승들이 더불어 사는 신령이 깃던 곳이다. 민간신앙이나 도교 등에서는 단순한 산이 아니라 신령이 계시므로 재를 올리며 치성을 드리곤 했다. 큰 바위와 오래된 나무에 금줄을 쳐서 무사안녕을 빌었으며, 명산대천의 동천(洞天)은 모두 이러한 영향에서 생겨난 것이었다.

성황사 아래 바위를 깎아 세운 비석이 있는데 여기도 불망비(不忘碑)다. 무엇을 잊지 말란 말인가? 지방관의 공덕? 도광(道光)[11] 22년, 헌종 무렵 1840년대쯤 탐관오리 학정이 절정임에랴……. 돌무더기 사이로 화전을 일군 옛터의 흔적들 그대로다. 혹세(惑世)에 무민(誣民) 당했던 민초들은 돌밭을 일구며 돌배·박달·다래·졸참·동백나무 사이로 땀 닦으며 한 잔 기울였을 나그네 터.

몇 해 전 숲길 탐방 때 나는 주막집도 복원하자고 했다. 동행한 숲길 회원들은 저마다 길의 형태와 자연을 물으며 기록하느라 여념 없고 나이 든 해설자는 어눌한 방언으로 "천처이(천천이) 가야 잘 보이니더(보입니다)" 한다. 물길 근처에 다가서니 산길은 널따란 신작로가 됐다. 걸어 갈 길을 차로 달리니 얼마나 편리한가? 오매불망 불망비, 여기도 불망비를 세워야겠다.

---

11) 청나라 선종 도광제의 연호, 1821~1850년까지 30년간 쓰임.

울진 금강소나무(사진 울진군청)

신작로를 냈으니 큰 업적이 아닌가? 어떻게 옛길을 이토록 처참하게 만들어 놓았을까? 편리함과 접근성이 원형과 순수를 압도하고 말았으니, 열두 고개의 멸망도 결코 멀지 않은 듯하다. 십이령길은 동해와 내륙을 잇는 길이자 물류통로다. 울진은 관동지역으로 옛날 한양 갈 때는 대관령으로 올라가거나 십이령을 거쳐 죽령으로 넘어가기도 했다. 이 열두 고개는 돌재, 나그네재, 세고개재, 바릿재, 샛재, 너삼밭재, 젖은텃재, 작은넓재, 큰넓재, 꼬치비재, 멧재, 배나들재, 노룻재인데 노정(路程)에 따라 약간의 차이가 있다. 소천, 춘양, 내성장으로 가는 130리 고갯길을 보부상들은 생선, 미역, 소금 등 해산물과 대마(삼), 담배, 콩, 짐승가죽, 잡화, 약재, 곡식, 포목 등을 물물 교환하여 되돌아오곤 했다. 대낮에도 맹수가 나오고 산적들이 출몰하던 곳이었기에 열 댓 명 씩 대열을 이루어 넘어 다녔다고 한다.

당시 경북 북부지역 내성(봉화)장은 예천, 영주일대의 상권을 장악하고 있었다는데 금, 은과 마포, 견직물이 집약적으로 생산됐기 때문이라는 것. 특히 옹기점, 무쇠점, 사기점, 유기점 등이 있어 팔도에 내성현 유기점이 이름났다.

길은 계곡을 끼고 돌면서 물과 같이 흐른다. 누구나 이곳에 오면 맑은 물에 손을 담그지 않곤 못 배기는 곳이다. 얼마나 물이 맑았으면 큰빛내(大光川), 작은빛내(小光川)라고 했을까? 오솔길은 옛날로 흐르고 넓은 길은 아스팔트길로 달려 나간다. 두천리에서 출발해서 작은빛골 소광리까지 숲길 탐방에 4시간은 족히 걸린 것 같다. 소광리 입구로 나오면서 왕실과 사찰에 활용하기 위해 백성들의 출입을 금지한 황장봉계표석[12]을 볼 수 있다. 황장봉산 제도는 조선 숙종 6년(1680년경) 황장목이 있는 산을 봉쇄한 것인데, 원주 구룡사 입구, 인제 한계리, 영월 황장골 등에서 금표가 발견되었다. 소광리의 황장금표는 1992년 산길 작업을 하다 찾았다고 산림청 강 과장이 귀띔해 준다. 아스팔트길로 나오니 차멀미 냄새에 울컥거렸다. 언제쯤 찻길을 버리고 마음껏 걸을 수 있을까.

울진 읍내로 들어오는 길목에 금강소나무 몇 그루 서있었지만 우람한 자태는 없고 비틀리고 말랐다. 무식할 정도로 큰 것이 상징성이 있다고 했더니 앞에 앉은 군청 박 계장은 울진의 명물이라고 자랑했다. 차라리 20층 아파트를 명물이라 하는 게 낫겠다. 콘크리트 덩어리가 위용을 떨치며 관문에 턱 버티고 섰다.

12) 울진에서 봉화로 가는 36번 국도 광천교에서 5킬로미터 들어간 도로변에 있다(문화재 자료). '山直命吉 黃腸木/ 界之名生達 峴安一王山 大里堂城 四回' 황장목 봉계지역을 생달현, 안일왕산, 대리, 당성의 네 지역을 주위로 하고 명길 산지기로 관리하게 한다는 내용. 숙종 때 설치된 출입금지 표석.

구수곡 감태나무와 남은 이야기들

개울을 지나고 길옆으로 산머루 조롱조롱 달린 곳에 이르니, 소쩍새 우는 소리 슬프다. 아무래도 이 소리를 십이령 가락 후렴구로 "시그라기" 라 했을 것이다. 7시 넘어서니 발걸음이 빨라지고, "푸드덕" 까투리 소리에 모두 놀란다. 어릴 적 동무의 별명처럼 잽싸게 날아갔다.

"소나무 참 미끈하네요."

"소나무라고 하면 안 돼."

"나무가 욕해요. 미인송 정도는 불러줘야 됩니다."

간혹 길섶으로 칡덩굴이 나무를 친친 감고 오르는데, 덩굴 잎은 발목을 스쳐간다.

"칡덩굴은 오른쪽으로 감을까? 왼쪽으로 감을까?"

"어느 쪽이죠?"

"칡은 주로 오른쪽, 등나무는 왼쪽으로 감는 편입니다."

"그럼 서로의 이해관계로 생기는 심리적 불화를 뭐라고 할까요?"

"갈등."

몇 해 전 강원도 2박 3일 탐방 안내에 애를 먹었는데 차안에서 분위기 반전해 줬던 박수 멘트가 "갈등"이었으니, 어찌 잊을 수 있겠는가? 교수 · 공무원 · 의원나리들……. 지금쯤 그들의 갈등관계는 얼마나 해소 됐을까?

"칡 갈(葛), 등나무 등(藤)자를 써서 갈등이라고 하잖아요."

"이들은 평생 서로 화합할 수 없습니다."

7시 반쯤 되어 다시 바릿재에 서니 어두워진다. 철종 무렵 중풍 걸린 아버지를 봉양하던 심천범이 하루는 꿩을 못 구해 안타까워하는데 개가 3마리를 잡아왔다. 효성에 감동하여 지성감천을 이뤘다며 효자효부로 기렸다. "효자효

부각" 지나 7시 40분 원점으로 돌아왔다. 우리는 전체 15킬로미터 4시간가량 걸었다(1구간, 두천~소광리 13.5킬로미터).

으스름 내린 두천리 돌다리에 모두 걸터앉아 달을 보면서 땀을 식힌다. 손수건을 물에 적셔 훌훌 털어 닦으니 한결 개운하다. 먼 하늘 별빛이 자꾸 밝아온다. 이날 저녁 우리는 항구에서 배려해 준 소라를 다 못 먹고 일찍 잠자리에 들었다.

으스름 내린 두천리 돌다리

새벽녘에 구수곡으로 올라간다. 소금강을 닮은 계곡마다 다리를 놓았는데 인적이 드물다. 응봉산, 덕구온천으로 돌아오는데 15킬로미터 7시간 걸리는 구간이다. 중간에 내려오면서 백동백이라 부르는 감태나무를 만난다.

나무껍질이 물푸레나무를 닮아 도리깨 · 쇠코뚜레를 만들어 썼다. 중풍으로 말을 못할 때 감태나무 말린 열매와 순비기나무 열매를 찧어 끓는 물에 우려내 마시면 효험이 있다고 했다. 뿌리는 가을철 그늘에 말려 쓴다. 어혈을 삭혀 관절염, 신경통, 항암, 산후통과 오래 달여 먹으면 뼈가 튼튼해져 골다공증에도 좋다. 잎을 씹으면 껌처럼 연한 향이 나고 성질이 생강나무와 비슷하지만 몸을 따뜻하게 한다. 혈액순환 장애로 손발 시릴 때, 감기에 덖어서 차로 마신다. 같은 녹나무 과(科)지만 녹차보다 맛과 향이 뛰어나고 나물로도 먹을 수 있다. 겨울에도 잎이 그대로 달려 있어 산길을 걸을 때 잎끼리 부딪치는 소리가 들리곤 한다.

계곡물 맛이 달다. 심산유곡이라 산약초들이 섞여서 흘러온 것일까? 좁은 산길 내려오면서 무더기 공처럼 하얀 꽃이다. 흰 참꽃 같지만 단양에서 보았던 꼬리진달래. 겨우살이참꽃나무라 한다. 이른 봄에 피는 진달래와 다르게 6~7월에 피는데, 열매는 타원형 까끄라기(蒴果)로 9월에 익는다. 꺾꽂이로도 번식하고 잎은 강장 · 이뇨 · 건위에 좋다. 중국, 몽골과 우리나라는 경상 · 강원 · 충청 · 평안도에 산다. 단양 제비봉에 군락지가 있다.

아침 일찍 서둘러 덕구온천을 나오면서 옛 시절 가게를 하던 동네누님을 만났다.

"이 사람 누구야."

"그땐 누님한테 술도 많이 마셨지요."

벌써 25년 전 일이지만 외상의 기억이 새롭다. 외상이라 했더니 모두 웃는다. 세월만큼이나 추억이 되고 말았다.

"요즘 신뢰와 믿음이 추락한 것은 외상술이 없어졌기 때문입니다."

"여전하구나."

외상(外上)은 나중에 값을 치르는 것인데, 그 당시만 하더라도 거래를 해 보면 사람들의 마음을 읽을 수 있다고 했다. "이익보다 사람을 남기는 것이 장사"[13]라고 하면 요즘엔 어리석다고 할 것이다.

11시에 원자력 홍보관에 도착하니 "OOO 장학회 원자력 홍보관 방문환영" 전광판이 일행들을 맞아준다. 열심히 설명하고 마지막에 홍보영상을 틀어주는데 감명 받았다.

"나가지 말고 이쪽으로 오세요."

"홍보관 관람 어땠어요?"

"좋았습니다."

"여러분들은 대학생이니까 문제의식을 가지고 합리적으로 판단해야 합니

---

13) 개성 거상 임상옥(1779~1855), 조선 후기 무역상인. 북경 상인의 불매동맹을 깨고 인삼무역권을 독점, 막대한 돈을 벌어 빈민구제와 시음(詩飮)을 즐겼다.

다. 홍보는 원래 소식이나 사업을 널리 알리는데 목적이 있기 때문에 원자력의 긍정적인 측면과 효율성을 많이 강조했습니다. 당연히 효율성에서는 원자력이 최고라는데 이견이 없지만, 후쿠시마 원자력사고, 유럽의 핵발전소 폐기정책들은 우리들에게 시사(示唆)[14]하는 것이 많습니다. 그럴 리 없도록 해야겠지만, 예기치 못한 사고가 발생하면 대재앙이 되는 부정적인 측면은 어떻게 할까요?"

어느새 왔는지 조금 전까지 설명해 주던 안내원이다.

"모조리 듣고 계셨네. 미안합니다."

"괜찮습니다. 선생님 말씀이 맞는데요."

성류굴 주차장에서 매표소까지 걷는데 햇볕은 쨍쨍 날씨는 덥다. 1박 2일 동안 강행군인데도 투덜거린 사람 없으니 다행이지만 한편으로는 미안하다.

"다들 머리 조심하면서 들어가세요. 더울 것 같아 일정을 성류굴로 맞췄어요."

동굴 안이라 시원해서 좋다.

"성류굴은 천연기념물로 선유굴이라고 부르고 2억 5천만 년 전에 생성된 석회암 동굴입니다. 고려시대 처음 발견되었으나 1963년 일반에게 개방되면서 많이 부서졌어요. 고드름처럼 천정에 달린 것이 종유석, 물이 떨어져 바닥에서 자란 것이 석순이고, 석순과 종유석이 촛농처럼 쌓여 석주를 만드는데 수천 년 걸립니다. 동굴 내부는 지금까지 1킬로미터 못 미쳐 발견되었고 절반가량 개방하고 있습니다. 임진왜란과 6·25전쟁 때 입구를 막아 피난민 수백 명이 죽었습니다. 왕피천과 이어져 지하금강이라 하고 제가 어렸을 땐 바다와 연결된다고 했습니다. 동굴 안에는 박쥐, 물고기, 곤충들이 주로 살아요."

"그리고 가장 중요한 것은 동해안 고래도 삽니다."

"에이 거짓말……."

14) 부추겨 보임(암시, 귀띔).

왕피천, 왼쪽 성류굴 입구 정자

왕피천을 가로질러 길옆에서 정자가 보이는 성류산 배경 삼아 단체사진을 찍는데 너무 덥다. 길 건너 남사고 유적관을 지나며 아쉬움과 뒷사람들을 위해 몇 줄만 적는다.

격암(格菴) 남사고(南師古)는 1509년(중종) 이곳 수곡에서 태어났다. 벼슬에 여러 번 낙방한 뒤 꿈을 접고 천문지리와 복술(卜術)에 도통, 예언이 틀리지 않아 한국의 노스트라다무스(Nostradamus)[15]라고 불린다. 임진년에 백마가 침범하리라 했는데, 가토 기요마사(加藤清正)가 백마를 타고 쳐들어왔다. 정감록의 십승지(十勝地)를 비롯해서 병자호란, 임진왜란, 일제침략, 남북분단, 6·25전쟁 등을 예언했다고 전한다. 저서 격암유록은 창작물이 아니라 신인(神人)에게 받아 적은 것이라 하지만 위서 논란이 많다. 이 근처에 초가를 짓고 술을 즐겼으며 품행이 고결하여 발길이 끊이지 않았다 한다. 죽음과 절손(絶孫)을 알았고, 정작 부친의 묘 터는 옳게 잡지 못했다는 구천십장(九遷十葬)으로 유명하다. 풍수(風水)의 대가, 63세로 죽기까지 전국 명산을 다니며 많은 일화를 남겼다.

15) 프랑스 점술가(1503~1566). 예언시 수백 편을 남겼고 1999년 공포의 대왕이 내려온다고 지구종말을 말했다.

수곡리에 사는 친구는 더운 오후에 땀 흘리면서도 순수함을 보여줘서 고마웠다. 나는 1박 2일 함께했던 일행들과 헤어지면서 여름날 이 시를 꼭 들려주고 싶다. "눈 덮인 들판 걸을 때 어지러이 함부로 걷지 말라. 오늘 나의 발자국은 뒷사람의 이정표가 되리니."

탐방길

- **전체 15킬로미터, 4시간 10분 정도**

십이령길 입구 → (30분)바릿재 → (20분)계곡 → (50분)황장봉산 표석 → (10분)찬물내기 쉼터 → (10분)금강소나무 군락 → (10분)샘물 → (20분)샛재·성황당 → (10분)샘물 → (5분) 찬물내기 쉼터 → (10분)황장봉산 표석→ (1시간 5분)바릿재 → (10분)십이령길 입구

* 25명이 걸은 평균 시간(기상·인원수·현지여건 등에 따라 다름).

청풍명월 덕주공주의 월악산

덕주공주와 마의태자 불상 · 느티나무 외줄진딧물

황벽나무 · 통풍 · 노린재나무 · 비박

산길마다 구슬붕이 · 현호색 · 산괴불주머니 · 피나물, 자주 · 노랑 · 하양……. 온갖 색깔로 피었다. 월악산은 소백산, 속리산의 중간에 누워있는 여자의 형상으로 음기가 강해 덕주사에 남근석을 세워 기(氣)를 눌렀다. 하도 많이 만져서 반질반질하니 참 알 만하다. 그래선지 나는 이 산에만 오면 힘이 빠지고 다리가 떨리는 것을 몇 번씩 경험한다. 달은 확실히 여자다.

정상이 영봉(靈峰)인데 백두산과 똑같은 영봉이다. 그만큼 영험하고 신령스런 산이다. 덕주사(德周寺) 마애불은 경순왕의 덕주공주가 신라를 그리며 만들었는데 그녀의 화신이라 한다. 오라버니 마의태자(麻衣太子)는 금강산으로 가기 위해 문경새재, 월악산을 지나다 미륵리에 머물며 불상을 만들어 덕주공주의 마애불과 서로 바라보고 있다. 지금도 두 불상은 일 년에 한 번씩 만나기 위해 기운을 뿜는다 한다. 덕주사 마애불은 남쪽으로, 충주 수안보 미륵대원지 입석불은 북쪽을 보고 있다. 석등 5층탑 귀부(龜趺)[1]와 이국적인 미륵불, 신라 분위기와 다른 특이한 절터로 석굴암을 모방한 것으로 여겨진다.

1) 거북 모양 비석 받침돌.

미륵리 입석불

일설에는 왕건이 남매를 따로 가둬놓았다고 한다. 경순왕이 나라를 바치고 경주 사심관으로 있었는데 너무 비약적인 것 같다. 안타까운 남매의 한을 내세에서 풀어주려는 한국인들의 순박한 마음씨로 이해해야 할까?

월악산(月岳山)은 1984년 제천 · 단양 · 충주 · 문경일부에 걸쳐 국립공원이 되었다. 소백산, 문경새재, 속리산이 이웃하고 신라시대는 월형산(月兄山), 고려 때는 와락산으로 불렸다. 송악산과 도읍 경쟁을 하다 개성이 되는 바람에 꿈이 와락 무너졌다고 한다. 한수면 송계리 쪽에서 바라보면 영봉, 중봉, 하봉으로 이어지는 능선이 멋스럽다. 북쪽으로 80년대 완공된 충주호가 월악산을 휘감고, 월광폭포, 망폭대, 학소대, 수경대, 자연대, 수렴대 등의 탁 트인 풍광이 유명하다. 동북의 남한강 건너 금수산은 용담폭포, 도화동천을 비롯한 별천지가 많은데 덜 알려졌다. 동으로 단양팔경 일부[2)]까지 넓은 영역이다.

9시 덕주사 입구(영봉6.3 · 마애불2.6킬로미터)에서 골짜기 따라간다. 길옆으로 노란 애기똥풀, 공처럼 하얗게 늘어진 불두화, 느티나무는 벌써 외줄진딧물(면충)에 당해서 잎이 뾰족하게 올랐다. 어린벌레가 잎에 혹

느티나무 외줄진딧물

2) 하선암 · 중선암 · 상선암 · 구담봉 · 옥순봉(도담삼봉, 석문, 사인암을 합쳐 단양팔경으로 불림).

을 만들어 수액을 빨아 먹다 대나무로 날아가 여름 나고, 가을에 느티나무로 돌아와서 알을 낳는다. 이렇게 왔다갔다 사는 진딧물 종류. 대나무 없으면 살지 못한다.

덕주골에는 가뭄이 들어선지 돌 틈에 물살이 가늘다. 20분 걸어 수경대에 쪽동백 · 신갈 · 당단풍 · 물오리 · 산딸기 · 물오리 · 광대싸리 · 느티 · 물푸레 · 느릅 · 소나무들이 반겨 준다. 덕주산성은 몽고군이 쳐들어오자 모두 산성으로 피했는데, 갑자기 비바람과 우박이 쏟아져 적들은 신령스런 땅이라 하여 달아났다고 한다. 덕주산성 5분 지나 9시 30분 덕주사(영봉4.9킬로미터)앞의 큰 바위 이정표 "월악산 영봉"이 시원스럽다. 앞마당 샘터에서 연거푸 물을 마시고 배낭의 물통도 빠짐없이 채운다.

층층 · 작살 · 노린재 · 생강 · 대팻집 · 개옻 · 굴참 · 비목 · 쇠물푸레나무들과 마주하며 걷는데 벌써 손수건이 다 젖었다. 앞서간 일행은 보이지 않아도 이 산에 오면 맥을 못 추는 징조가 있어 조심해서 올라간다.

어느 해였던가? 가을 무렵 처음 이산에 올 때 빠른 연풍 쪽을 두고 남제천으로, 청풍나루터 물태리 거쳐 굽이굽이 물줄기 따라 한나절 걸려서 온 적 있다. 제대로 안내를 해 주었으면 좋았을걸, 그 제천 댁 덕분에 헤매고 다녔던 기억을 지금도 잊지 못한다.

어수룩한 길라잡이 속절없이 믿으며 충청도 물길 따라 하염없이 흘러간 산야, 억새풀 발아래 있고 단풍잎 붉은 마음도 알았다. 돌아가는 외딴 동네마다 청풍이요, 연풍이며 신풍으로 풍자 돌림이었다. 우리 걷는 이길, 어디 순탄함만 있던가? 마음은 발길에 닿고 돌아갈 길 초조했지만 청풍에 명월이라, 달빛을 동무삼아 걸었던 일이 새롭다.

덕주사 영봉 표지석

덕주사

돌계단 옆으로 팥배·졸참·다릅나무를 지나 황벽나무와 마주친 건 10시다. 나무를 켜면 속껍질이 노랗고 황색 벽이 있어 황벽나무, 열매가 익으면 겨울에도 검게 달려있다. 지역에 따라 황경피라 하고 고혈압·간염·폐결핵·습진 등에 쓴다. 이른 봄 새잎은 나물로 먹지만 속을 차게 한다.

황벽나무

"마애불 다 왔나봐, 목탁소리 들리는 것 보니 쉬다 가도 되겠다."

10시 5분 거대한 마애불이다. 선운사 도솔암에 있는 마애불과 많이 닮았다. 높이 10미터 정도 될까? 산중의 목탁소리는 맑지 못하고 산만하다. 운율도 없이 부처가 시끄럽겠다. 바위에 앉아 숨을 돌린다. 생강나무, 작살나무를 뒤로 하고 10시 35분 가파른 돌계단. 굴참나무 군락지인데 바위굴에서부터 철 계단이 시작된다. 땀이 뚝뚝 떨어진다.

이렇게 계단이 많아 오르기 힘든 산 올 때 과음·과로는 금물이다. 얼마 전 2~3일 술 마시고 질주하듯 산을 다녀와 이튿날 발등이 퉁퉁 부었다. 병원에서 통풍의심이라고 해 기분이 영 안 좋았지만 혈액검사 판명이 나고서 걱정을 덜 수 있었다. 무리한 산행도 자제해야 되지만 산에 가기 전날은 술을 많이 마시

철계단

마애불

지 말아야 한다. 아플 통(痛), 바람 풍(風), 바람만 스쳐도 아픈 병으로 잘 먹고 뚱뚱해서 걸린다고 왕의 병이라 불렀다. 배출되지 못한 요산이 핏속을 돌아다니다 관절이나 혈관, 신장 등에 쌓이게 되고 백혈구가 바이러스로 착각해 공격하면서 염증이 생긴다. 대부분 엄지발가락에서 시작, 발등이나 발목이 빨갛게 붓고 아프다. 오래 두면 중풍, 심장병, 신부전 같은 합병증도 나타날 수 있다. 과음에 과로가 겹치면 일시적으로 요산이 높아질 수 있어 산에 자주 가는 사람은 특히 조심해야 한다.

가파른 철 계단이 끝나자 11시쯤 영봉이 눈앞에 보인다. 거의 중간지점(덕주사2.5 · 영봉2.4킬로미터) 바위산에 낙락장송 아슬아슬하다. 발밑에 산앵도 하얀 꽃을 두고 그냥 갈 수 없어 몇 번 셔터를 누른다.

"참 앙증맞게 폈네."

"앙증이란 말이 좋네요."

"작다는 뜻인 아지, 아즈에서 앙증으로 굳어졌는데 독아지, 송아지, 망아지, 강아지도 같은 아지입니다."

물푸레 · 철쭉 · 신갈나무는 비 맞은 듯 진딧물에 공격당했다. 길옆으로 미역줄거리나무 지나면서 평평한 능선 길. 광대싸리 · 국수 · 신갈 · 물푸레 · 당단풍의 순록색 산길이 좋다. 노린재나무 꽃은 솜털처럼 하얗다. 솜사탕처럼 입에 넣으면 달콤하겠지.

나뭇가지를 태우면 노란 재가 나온다고 노린재나무(黃灰木)다. 치자 등 식물성 물감을 천연섬유에 물들일 때 매염제(媒染劑)로 쓰였고 잎을 끓인 즙으로 찹쌀을 물들여 떡을 만들기도 했다. 열매가 푸른 것은 노린재, 검은색은 검노린재 나무다. 길게 난 산길, 신갈나무 아래 노린재나무는 일시에 흰 꽃을 피우고 굵기가 무려 10센티미터 되는 것도 쌔고쌨다.[3] 11시 20분 헬기장에 잠시 쉬어가자고 한다. 영봉이 코앞, 노린재나무 안내표시가 병꽃나무로 잘못 걸렸다.

"남자는 하늘이고 여자는?"

"땅이지."

"그래서 남자는 양(陽)이고 여자는 음(陰), 해는 양, 달이 음이니까 달은 여자, 해는 남자를 의미하잖아요. 달월(月)자인 월악산은 음기가 센 산이다 이거죠. 이 산에 오면 내가 맥을 못 추는 것도 양기를 뺏겨서 그러는 것 같아."

"전날 술을 많이 마셔서 그래."

모악산 · 월악산은 음기가 센 것으로 생각한다.

난티나무는 잎 가장자리 잔 톱니를 자랑하고 녹색가지에 줄이 있는 건 산겨릅 나무인데 하얀 잎 뒷면은 아닌 것도 같다. 11시 40분 송계삼거리(동창교2.8킬로미터) 길로 팥배나무, 이렇게 멋진 것은 처음 봤다. 마치 다듬은 듯 가지런히 잘도 컸다. 11시 50분 정상 바로 아래 신륵사갈림길(신륵사2.8 · 영봉0.8 · 덕주사4.1킬로미터). 산괴불주머니, 군락지를 이룬 고춧잎 닮은 고추나무 꽃이 흰빛 라일락처럼 피었다. 부풀어 오른 복주머니, 집게발같이 생긴 열매는 눈길을

3) 흔하고 많이 있다는 뜻. 쌔다는 쌓이다 준말.

붙잡는다.

"무슨 꽃입니까?"

사진을 찍는데 동전만한 이파리에 핀 흰 꽃을 묻는다.

"산조팝입니다."

영봉을 오르는 가파른 철 계단 옆으로 병꽃이 붉은 걸 보니 질 때가 된 것 같다. 붉은 색 병꽃도 있지만 대체로 처음에 흰색으로 피고 나중에 붉은 색으로 변하기도 한다. 정상에 웬 층층나무인가? 계곡에 자란다는 생육의 특성은 바뀌어야 할 것 같다. 병꽃, 산목련, 당단풍이 무리지어 자라고 철쭉꽃은 이제 폈다. 딱총나무, 개승마 하얀 꽃도 길게 올라 와 한창이다. 12시 5분 보덕암(보덕암3.7 · 영봉0.3킬로미터) 갈림길 지나 꼭대기에 병꽃, 철쭉꽃이 활짝 폈는데 텐트치고 자는 사람들이 부럽다고 한다.

"지리산 비박 언제 할까?"

"지리산은 할 수 없어요."

처음엔 비박을 비상숙박(非常宿泊)의 한자 풀이로 알았지만 주변을 감시하는 군사야영이다. 독일에서는 지형지물을 이용해서 하룻밤 지내는 일(biwak), 프랑스는 숙영지(bivouac), 스페인은 군사적 야영(vicaque)이고 우리말로는 "한데 잠, 산 야영"이다.

월악산 영봉

장엄한 산들

이 산 전체에 진딧물 피해가 심하다. 딱총나무 꽃 층층나무 이파리도 진딧물에 잎이 오그라져 죽어간다. 이상기온과 생태계 변화 조짐을 느낀다. 땀을 뻘뻘 흘리며 12시 20분쯤 정상 영봉(1,097미터). 몇 해 만에 다시 오니 표지석도 새로 만들었다. 모든 것은 발아래 있고 충주호가 흐린데 제비봉을 묻는다.

"오른쪽입니다."

꿩의다리 · 병꽃 · 진달래 · 딱총 · 미역줄 · 개옻 · 층층 · 조팝나무, 쇠물푸레나무도 하얀 꽃. 12시 40분 갈림길에서 보덕암 쪽으로 간다. 서어나무, 산수국, 관중, 도깨비부채, 큰앵초 붉은 꽃은 잘도 폈다. 마타리, 족도리풀, 사초, 우산나물, 둥굴레, 구슬붕이, 산괴불주머니…….

어떤 부부가 바위에 쉬는데 관광차로 온 사람들이 대뜸 "누님 언제 왔어요?" 한다. 어떻게 저럴 수 있나. 천박이 아니라 패륜의 극치다. 배우자와 함께 있는 생면부지(生面不知)[4] 낯선 여인에게 은근히 희롱하고……. 사람들 수준이 왜 이렇게 됐는지 비위가 틀릴 지경이다.

바윗길에 산조팝 하얀 꽃, 오후 1시 넘어 중봉 바위꼭대기에서 점심 먹는데 빗방울이 날린다. 서둘러 내려가는 길, 진딧물이 옷에 막 붙는다. 2시쯤 됐

4) 만나 본 적 없어 전혀 모르는 사람.

을까? 유람선 소리와 어우러져 경치는 한껏 좋다. 호수, 바위, 소나무, 빗방울……. 10분 내려서 하봉, 발아래 흰색 꽃 피운 쇠물푸레나무, 곧 6월이 시작인데 배낭을 짊어진 등에는 땀이 줄줄줄. 내리던 빗방울 그치고 해가 나서 번거롭지만 비옷은 다시 넣었다. 꼬리진달래에 눈길을 떼기 어렵지만 굵은 쇠물푸레나무는 10센티미터 되겠다. 산목련 꽃도 일행을 반겨준다. 바위와 돌은 시루떡처럼 층층이 쌓였고 쪽동백, 산조팝……. 나무 이름 맞추기 하며 내려가는데 뻐꾸기, 새소리, 뱃소리도 멈췄다.

3시에 보덕암에 닿으니 주변이 어수선하다. 고광나무, 모감주나무를 바라보다 30분 걸었다. 내려가는 차에 신세를 졌지만 목적지까지 못가서 아쉬웠다. 송계 다리 건너 한참 지나서 버스정류장, 멀리 산자락을 휘감은 물빛이 아득하고 풀밭에 앉아 목을 축인다. 기다리는 차는 오지 않는다. 4시경 지나가는 승합차에 손을 흔들었더니 한수면 소재지, 동창교 지나 10분쯤 거리, 덕주사 입구에 내려준다. 하도 고마워서 성의 표시를 했더니 한사코 거절한다. 복 많이 받으시라고 고개를 숙인다. 6시 넘어 집에 도착해서 어수룩한 길라잡이와 한 잔 기울였다.

바위산

충주호

탐방길

● 정상까지 6.3킬로미터, 3시간 20분 정도

덕주골 → (20분)수경대 → (10분)덕주사 → (35분)마애불 → (25분)돌계단 → (25분)철계단 올라서 바위 → (40분)송계삼거리 → (10분)신륵사 갈림길 → (15분)보덕암 갈림길 → (15분)영봉

* 3명이 조금 빠르게 걸은 평균 시간(기상·인원수·현지여건 등에 따라 다름).

목포의 눈물 유달산

노적봉과 목포의 눈물 · 삼학도 · 솔잎혹파리

유달산 왕자귀나무 · 정겨운 우리식물 이름 · 낙우송 · 압해도 게

4시간 걸려서 정오 무렵 목포에 도착했다. 7월 장마철이지만 시내 바람이 좋다. 스포츠용품 대리점에서 유달산 탐방 기념으로 일행마다 여름 신발 한 개씩 샀다. 골목길 도로 따라 12시 30분 유달산 노적봉이다. 햇볕이 뜨겁다. 낮에 포를 쏘아 시간을 알리던 오포대(午砲臺)에서 잠시 다도해를 바라본다. 화약만 넣고 포를 쏘던 곳으로 조선시대 때 만들었다.

"이 쪽으로 모두 오세요."

"노적봉은 임진왜란 때 중과부적(衆寡不敵)[1]의 상황에서 이순신 장군이 군량미를 쌓은 것처럼 낟가리로 위장해 왜적을 무찔렀다는 곳입니다."

인생은 늙기 쉽고 강산도 수유(須臾)[2]라, 수 년 만에 다시 알현하러 왔더니 어느덧 장군도 늙으셨네. 이순신 장군 동상을 지나 이난영 노래비.

> "사공의 뱃노래 가물거리면, 삼학도 파도 깊이 스며드는데, 부두에 새악씨 아롱 젖은 옷자락 이별의 눈물이냐 목포의 설움, 삼백년 원한 품은 노적봉 밑에 님 자취 완연하다 애달픈 정조 ~."

---

1) 적은 수로 많은 수를 대적하지 못함.
2) 모름지기 잠깐 동안의 뜻.

유달산에서 바라본 목포시가지, 삼학도가 보인다

1935년 공모에서 당선된 노래로 18세 소녀 이난영(李蘭影)이 불러 유명해졌다. 그러나 일제는 삼백 년 원한 품은 노적봉 밑에를 문제 삼았는데 "원한은 원앙의 잘못 표기"라 둘러대서 위기를 피했다는 얘기가 전한다. 20분 더 올라 목포시가지, 삼학도 보이는 유선각에서 한숨 돌린다. 멀리 대불공단, 영산강, 월출산이 흐릿하고 다도해를 잇는 연륙교들이 과거와 다른 변화된 모습을 보여준다.

유달산에 무술 배우는 청년이 있었는데 짝사랑한 세 처녀를 외면했다. 그리움에 병들어 죽은 처녀들은 유달산 학이 되었는데 무사의 활에 맞아 모두 바다에 떨어져 죽었고 그 곳에 세 개의 섬이 생겨 삼학도(三鶴島)라 불렀다. 지금은 다리로 연결된 삼학도의 애틋한 전설이다.

길 따라 동백 · 박태기 · 가시나무류, 누리장 · 단풍 · 서어 · 작살 · 폭나무, 사람주 · 쉬나무, 닭의장풀……. 수많은 식물처럼 섬들도 많다. 달리도, 고하

사람주나무 너머 보이는 다도해

부동명왕

도, 안좌도, 장좌도, 외달도, 화원반도……. 목포대교가 이국의 풍경으로 길게 뻗어있다. 마당바위 아래 보이는 갯마을은 예나 지금이나 우진각 · 팔작지붕 오밀조밀 살갑게 붙어산다. 정겨운 마을이지만 언제까지 목숨을 이어갈 수 있을는지?

유달산은 영혼이 거쳐 가는 곳이라 영달(靈達), 놋쇠 빛 아침 해가 비쳐 유달(鍮達), 바위절벽이 많아 호남의 개골(皆骨)이라 하는데, 노령산맥[3]이 끝자락에 멈춰 점점이 다도해를 만들었다. 선비들이 시를 지었대서 유달산(儒達山)으로 바뀌었다. 쇠 빛의 햇살이 오히려 낭만적이지 않나, 오늘은 놋 사발에 품격 있는 목포막걸리 한 잔 그립다.

바위 뒤편 흉측한 불상을 새겼는데 일본 진언종(眞言宗)의 창시자 홍법대사(弘法大師), 부동명왕(不動明王)이 숨어있다. 90년대 이들을 철거하려 했지만 악몽에 시달린 공사업자가 포기해서 그대로 남았다고 한다. 부동명왕은 진언종의 우상, 일제 강점기 때 만들어진 것이다. 이미 터전을 내준 곰솔나무지만 장마철 물을 머금어선지 나무껍질은 더욱 검다. 대한제국이 망하기 13년 전 1897년 목포는 일본에 개항, 그 무렵 노적봉 아래 수만 명의 일본인들이 살았

3) 추풍령 근처에서 갈라져 무주, 진안, 임실을 지나 전남북 경계를 만들고 무안반도에 이르는 약 200킬로미터 거리의 산맥.

다. 이들은 1929년 소나무를 말라죽게 하는 솔잎혹파리까지 들여왔다. 해마다 엄청난 방제비용이 들어 지금도 애를 먹고 있다. 소나무재선충병, 솔껍질깍지벌레, 참나무시들음병을 합쳐 우리나라 4대 산림병해충으로 친다.

병꽃 · 누리장 · 모감주 · 광대싸리 · 팽 · 광 · 생강 · 사람주 · 사스레피 · 물푸레 · 갈참 · 졸참 · 붉나무, 모시풀 · 자리공……. 유달산은 난 · 온대 수종이 함께 자라는 식물 창고다. 어느 해 여름날 산 아래 바라보니 지붕위에 커다란 신안군청 글자가 시원하게 들어왔다.

"시내도 잘 보이고 정말 멋진 산이다."

"산도 좋지만 문화가 있어서 더 좋아. 노적봉, 삼학도, 목포의 눈물……."

나무 이름 묻는 일행과 이야기하면서 오르는 바위산은 햇볕에 한층 뜨겁다. 온 산에 사람주나무, 절벽 아래 아득한 다도해가 사람주나무 이파리 위로 출렁인다. 1시 35분 유달산 정상(일등봉 228미터)에 오르니 눈이 시원하다. 담쟁이 넝쿨 바위에 기어올라 운치를 더하고,

"저게 무슨 나무지?"

"벽, 오동."

"푸를 벽(碧)자, 푸른 오동나무."

벽오동은 상전벽해(桑田碧海)[4]를 알고 있을 것이다. 압해도(押海島)를 연결하는 다리가 놓여 지붕위의 명물이던 신안군청이 옮겨갔고 아파트도 많이 들어섰다. 도시락 점심 먹고 이등봉 가는 길, 쇠물푸레, 광대싸리, 참싸리, 청미래덩굴 섞인 숲에 기세 좋은 박주가리 생채기진 잎은 하얀 유액(乳液)을 뚝뚝 흘린다. 이등봉 바위에 사람주 · 광나무, 팥배나무는 벌써 꽃이 지고 팥 크기의 연록색 열매가 빼곡히 달렸다.

아카시아, 실거리나무, 족제비 싸리와 깃 모양이지만 다행이 자귀나무보다 잎이 두텁고 커서 구분되는 왕자귀나무를 만난 건 행운이다. 우리나라에서 가장 많이 자라는 곳이다. 왕자귀나무(Albizzia coreana Nakai)는 유달산 특산으로 만나기 어렵다. 자귀나무(Silk tree)처럼 해 지면 수분증발을 막기 위해 잎이 마주 붙어 합환수(合歡樹), 부부의 금슬을 상징한다. 소가 잘 먹는다고 소 쌀나무, 귀신처럼 잔다고 자귀나무라 한다. 연분홍 꽃은 6~7월에 피고 껍질은 신경쇠약 · 불면증에 쓰기도 한다. 그러나 꽃 색깔이 흰빛을 띄고 족제비싸리 비슷한 왕자귀나무는 유달산 일부에 자라는 멸종위기식물이니 모처럼 귀한 분을 만난 셈이다. 식물도감에 이렇게 시작된다. 콩과식물로 "잎은 우수(偶數)2회 우상복엽(羽狀複葉)으로 소엽(小葉)은 대생(對生)……." 왜 어렵냐고 할지 모르지만 풀어 쓰면 이렇다. "잎은 짝수 2회 깃 모양, 여러 개 달리는 잎으로 작은 잎은 마주난다." 알량한 지식층(知識層)을 위한 서술방식이 읽는 사람을 얼마나 고민하게 만들었던가?

우리 조상들은 식물 이름 하나라도 어렵게 짓지 않았다. 냄새, 맛, 색깔 등 오감을 총동원하여 옛날부터 불러온 것을 함부로 버리지 않고 이름 붙였으니,

4) 뽕나무 밭이 푸른 바다로 변함. 세상이 몰라볼 정도로 변함을 비유.

자생 멸종위기식물 왕자귀나무

뿌리에서 노루오줌 냄새 난다고 노루오줌, 며느리 볼일 보고 닦으라고 며느리 밑씻개, 노란똥색 애기똥풀, 사위가 어깨에 지는 사위질빵, 생강냄새 나는 생강나무, 개 불알 닮은 개불알꽃……. 해학과 애환이 녹아있는 정겨운 식물 이름[5]들이다. 자연과 사람의 관계, 사위와 장모간의 사랑, 고부갈등이 숨어있어 당시의 문화도 엿볼 수 있다. 양반들은 굳이 산에 갈 일이 없었으니 대다수 나무꾼, 아낙네, 머슴들이 불러준 것들이다.

망초, 개망초, 명아주, 자귀 · 아카시아 · 비자나무, 오래된 광나무, 은행나무와 헤어져 조각공원으로 내려오니 어느덧 오후 3시 넘었다. 빗주기 · 아왜 · 생달 · 푸조 · 천선과 · 다정큼 · 붓순나무 등 온갖 식물이 자라는 유달산은 그야말로 천연식물원이라 해도 손색 없겠다. 오후 3시 30분 도로변 달성공원 주차장, 목포시사단을 지나 15분쯤 내려가니 원점회귀 지점이다.

바다를 누르는 듯한 섬, 압해도(押海島) 선착장에서 유달산을 배경으로 찰

5) 일제감점기 1937년 정태현(1883~1971) 일행이 조선팔도를 돌아다니며 지금의 절반인 2천여 종을 묶어 조선식물향명집을 펴냈다.

칵, 길옆의 낙우송은 아예 물을 대놓고 키운다. 하기야 낙우송과인 메타세쿼이아, 낙우송, 삼나무, 금송은 습기를 좋아하지만 수생식물처럼 키우고 있으니, 땅 위로 불쑥 올라온 낙우송의 공기뿌리(氣根)가 신기할 따름이다. 메타세쿼이아와 낙우송 구분은 좀 애매한데 중국 공산당처럼 일사불란하게 잎이 마주나는 것에 비해 낙우송은 어긋난다. 미국인 같이 자유분방하다. 그래서 원산지는 각각 중국과 미국이다. 메타세쿼이아 가지는 위로, 낙우송은 옆으로 뻗고 기근이 발달돼 있다. 질펀한 습지에 공기가 잘 통하지 않아 숨 쉴 수 있도록 뿌리를 땅위로 내보낸 것이다. 새의 깃털 같은 잎이 떨어지는 소나무(落羽松)다.

길 위에 올라 온 압해도 게

"게가 도로를 가로질러 갔어요."

갑자기 차창을 바라보던 일행이다.

"에이~ 거짓말."

게가 어떻게 길로 올라올 수 있느냐는 것이다.

개펄 옆에 선 노향림 시비를 둘러보고 오는데, 정말 도로에 바닷게가 길 위로 슬금슬금 기어 다닌다. 길 위에 올라 온 압해도 게의 눈빛이 초롱초롱하다. 아마 지렁이 같은 먹이를 찾아 나왔을까? 잡식성 개펄 게는 바다 가까운 논두렁에 구멍을 뚫고 민물과 바닷물을 서로 오가며 산다. 일행들은 내일 올라갈 월출산을 위해 영암으로 달리는데 모두 힘 드는지 조용하다.

"여행은 호기심, 체력, 배려가 기본입니다. 제 말에 동의하는 분들만 박수."

탐방길

● 전체 4.8킬로미터, 3시간 40분 정도

노적봉 주차장 → (10분)오포대 → (10분)유선각 → (25분)마당바위→ (10분)홍법대사·부동명왕 → (20분)일등봉(유달산 정상) → (1시간 20분*식물관찰 시간 포함)이등봉 → (20분)식물원·조각공원 → (15분)달성공원 → (10분)목포시사 → (5분)노적봉 주차장

* 바위길 느리게 걸은 10명의 평균 시간(기상·인원수·현지여건 등에 따라 다름).

산전수전 겪은 가덕도 연대봉

천가동 팽나무 · 새바지와 바람 · 팥배나무 · 거미줄애벌레
임진왜란 · 안토니오 꼬레아 · 육소장망 · 염소와 산림

가덕도 들어가는 입구에서 관광버스를 만났는데 아래위로 털썩거린다. 신호를 기다리는 버스 안에서 흔들어대는 아줌마들, 쿵쾅거리는 뽕짝소리…….

요즘은 남자, 여자, 아줌마, 세 부류로 나뉜다고 한다. 용감한 아줌마들 덕택에 우리는 역동적인 시대에 살고 있다는 것에 이견이 없다. 뽕짝과 막춤을 천박하고 저급한 "날라리 딴따라"로 평가절하 해도 압축적 근대화 과정에서 억눌린 민초들의 불만이 표출된 필연적 문화라는 것이 내 생각이다.

가덕도는 부산에서 제일 큰 섬으로 20킬로 제곱미터, 해안선 36킬로미터 정도다. 조선 중종 때 가덕진(加德鎭)이 설치되었다. 한때 창원군에 있다가 1989년 부산 강서구로 편입되었다. 해안선은 드나듦이 심하고 가덕도 등대, 척화비, 봉수대, 동백군락지 등이 있다. 9시경 천가동사무소 근처 가덕수퍼에서 출발, 갯벌 매립지 논둑길을 따라 걷는다. 해당화 · 비파 · 백당나무 꽃은 마을입구에서부터 유혹했다. 갯냄새에 실려 오는 해당화를 차마 두고 갈 수 없어 일행인 사오십 대 꽃들과 녹음방초(綠陰芳草) 우열을 겨뤘다.

천가동 율리 마을에 300살 팽나무 두 그루가 있었는데 항만공사로 2010년

가덕도 해당화

3월, 60여 킬로미터 뱃길 따라 부산해운대로 끌려갔다. 두 척의 바지선 · 대형 트레일러 · 굴착기 · 크레인, 공무원 · 경찰 · 공사관계자 등 50여 명, 약 2억 2천만 원짜리 대공사였다. 부산에 도착한 뒤 깜깜 밤중에 왕복 8차선 도로를 통제하고 육교, 전신주 피해 아슬아슬하게 옮긴 심야작전이었다. "최장 해상이동 기네스북 등재"는 별개로 치더라도 굳이 바다 건너까지 옮겨야 했을까? 신목(神木)을 몰아낸 인간의 오만과 탐욕에 강제 이주당한 나무는 잘 살고 있을지 모르겠다.

9시 40분, 동선새바지 포구에서 산을 오른다. 여기서 어음포 감시초소까지 3.5킬로미터 거리다. 입구를 지키는 감시원에게 새바지를 물었더니. 샛바람을 막는 뜻이라 한다. 가덕도에는 두 곳의 새바지가 있는데 동선새바지, 대항새바지다. 동풍은 샛바람, 서풍은 하늬바람, 남풍은 마파람, 북풍은 된(뒷)바람이지만 오늘은 꽃바람이다. 5월 초순, 산은 정말 이맘때 최고다. 산천에는 기화이초(奇花異草) 만발하고 나무마다 새순을 틔우고 있으니, 인생 일장춘몽(一場春夢)이 봄날 아니던가?

동선 새바지 포구

산길에는 우람한 해송과 고사리, 둥굴레, 산철쭉, 청미래 덩굴, 참나무류, 오리나무들이 시원한 바다를 향해 자란다. 10시 넘어 육군용지 팻말에서 잠시 휴식이다. 11시 10분, 매봉의 바위산 너머로 멀리 을숙도, 부산항이 흐릿하고 다대포로 이어지는 낙동정맥의 마지막 줄기를 바라본다. 하얀 꽃이 흐드러지게 피었다. 숨 막히도록 핀 꽃은 배꽃을 닮았고 가을의 검붉은 열매는 팥을 닮았다 해서 팥배나무다. 꽃 너머 보이는 부산항구가 한 눈에 들어온다. 중국, 일본, 우리나라에 자라는 장미과 큰 나무로 열매는 감당(甘棠), 만성피로에 좋고 재질이 단단해서 가구, 공예품으로 쓴다. 가지 끝에 달린 앙증맞은 열매는 눈 내리는 겨울까지 새들을 부른다. 마치 섬 전체가 오월의 꽃 잔치다. 덜꿩 · 쇠물푸레 · 산철쭉 · 사스레피나무, 산괴불주머니 · 광대나물…….

11시 30분 응봉산(314미터)을 내려 쪽동백 · 생강 · 국수 · 소사나무, 마삭줄 바윗길 지난다. 이맘때면 어느 곳이든 쇠물푸레 하얀 꽃이 절정이리라. 땀을 닦으며 나무 아래 걷는데 벌레들이 줄을 타고 대롱대롱 매달려 있다. 어떤 놈은 급강하 한다. 그냥 지나치면 옷에 달라붙거나 모자 위로 몇 마리 스멀스멀 기어간다. 나도 그들에겐 적이었나 보다. 애벌레들은 외부 공격의 낌새가 있으

덜꿩나무

면 투명한 실을 토해 아래로 내려오면서 다시 줄을 타고 올라가거나 매달려 있기도 한다. 이른 봄에 나오는 대부분 나비목 애벌레들이 비단실 끝에 의지해 오르내리는 것도 생존전략이다. 벌레의 방적돌기(spinneret, 紡績突起)에서 나온 액체는 가늘지만 질긴 가닥이 된다. 실을 만드는 방적돌기는 애벌레만의 특징이다. 불완전변태[1)]를 하는 애벌레가 어른벌레 되기 전에 휴식기간이 필요한데 외부공격을 피해 나뭇가지에 실을 붙여 놓고 허공에 매달리는 것이다.

12시 30분경 어음포 산불감시초소에 어디서 온 것인지 차들이 먼저 와 있고 사람도 많다. 일행들은 힘 드는 기색이지만 돌아가는 시간이 아득해서 재촉하며 올라간다. 오후 1시경 연대봉(烟臺峯 459미터) 정상이다.

"시원한 아이스케키~"

어릴 적 소풍 때 들어본 소리, 바위산 위로 햇살이 따갑다.

저 넓은 바다. 부산, 거제, 진해……. 남해의 섬들도 저마다의 물결을 만들고 지나가는 배들은 하얀 물보라를 그려준다.

1) 번데기 과정이 없는 곤충의 일생, 완전변태는 알-애벌레-번데기-성충의 4단계를 거침.

팥배나무꽃 바위섬 멀리 부산항

우리가 서 있는 이곳 봉수대에서 1592년 음력 4월 13일 침략하는 왜군 수백 척을 처음 감영에 보고한다. 그러나 경상좌수영군은 곧바로 무너졌고 14일 왜군 선발대 코니시 유키나가(小西行長)가 부산성과 동래성을 공격, 부사 송상현은 끝까지 항전하다 죽는다. 동래를 함락시킨 4월 18일 2군단 가토오 키요마사(加藤清正) 2만여 병력은 부산에, 구로다 나카마사(黑田長政) 3군단 1만여 병력이 다대포, 김해로 침공하였다. 왜적은 1 · 2 · 3군으로 나뉘어 속전속결 북진하였고, 후방 부대는 도공, 부녀자, 문화재를 약탈해 갔다. 조선인은 규슈에서 상당수가 마카오, 인도, 이탈리아 등지로 팔려가기도 했다. 1987년경 런던 크리스티 경매장의 한복 입은 조선인 그림 "안토니오 꼬레아"[2]가 상징적인 사건이다. 왜구에 납치되어 이탈리아로 팔려간 조선 소년이라는 것. 후손들이 이탈리아 실라(Sila)산 기슭 알비(Albi) 마을에 산다고 화제가 되기도 했다.[3]

멀리 흐릿한 부산과 쓰시마 섬 쪽으로 눈을 돌리니 서글프다. 7여년 전쟁으

2) 벨기에 화가, 폴 루벤스 작품.
3) 연합뉴스(2014.3.27).

로 강토가 황폐화 되고 굶주린 백성들이 얼마나 유린당했던가? 당쟁, 탁상공론으로 형편없던 조정과 일본에 다녀온 사절단은 침범할 동향이 없다는 거짓 보고로 귀를 막고 눈을 가렸으니……. 한편, 일본에서는 항해술이 발달해 이미 유럽과 무역을 하였고 포르투갈 상인에게 조총기술을 배워 전쟁에 나섰다. 조선 관군은 허수아비였으나 민초들의 구국일념은 의병활동으로 나타났던 것이다.

봉수대를 복원 해놨는데 옛 맛이라곤 하나도 없다. 바다 속으로 들어가는 거가대교 침매(沈埋)[4]구간이 발아래 있고 관광 안내판은 큼직하다. 육소장망(六艘張網), 봉수대, 가덕등대, 척화비, 외양포 일본군포진지, 거가대교, 부산신항, 천성진성, 백옥포, 동백군락지, 두문지석묘, 갈맷길…….

옆에 선 등산객에게 사진을 부탁했더니,

"한 번 찍어주는 데 1만원인데요."

"카드 할부 안 될까요?"

갑자기 헬기소리 요란하다. 긴급한 상황이 벌어졌거나 누가 다쳤는지 산 전체가 소음과 먼지로 야단스럽다. 우리나라 산악구조 시스템은 거의 선진국 수준이다. 어디든 구조의 손길이 닿을 수 있기 때문에 오히려 안전문제를 소홀히 하는 편이다. 산행 전 위험에 대비하는 것은 각자의 의무지만 리더는 대원의 등반경험, 복장, 위험요소 등을 점검하고 안전산행을 독려해야 한다. 일부 관

---

4) 침매(沈埋 tunnel) : 구조물을 가라앉혀 물속에서 연결시킨 해저터널 공법.

광버스 등산은 술 취한 사람들이 뒤섞여 희희낙락 하며 쓰레기 투기, 음주 등으로 산행문화는 후진성을 면치 못한다. 배도 고프고 어수선한데 일단의 산악회 깃발이 시끄럽다. 빨갛게 입술 바른 여자가 할아버지뻘 되는 사람에게 오빠라고 부르니 이걸 어떻게 이해해야 하나.

산악사고 중 가장 빈번한 것이 음주다. 간단한 사고조차 스스로 수습하지 않고 119를 부르기 일쑤다. 선진국에서는 헬기 구조요청을 하는 경우 비용을 부담시키거나 보험처리 되도록 한다. 산에 갈 줄만 알았지 기본적인 의무는 놓치지 않았는지 스스로 살펴 볼 일이다. 산 아래 내려가는데 구급대원들이 들것을 들고 땀 뻘뻘 흘리면서 올라온다. 시급을 다툴 일이라면 어쩔 수 없지만 얼마나 많은 국가적 손실인가?

거의 오후 2시 돼서 도시락이다. 좋은 자리 찾는다는 것이 하필 축축한 숲속이지만 금강산(金剛山)보다 식후경(食後景)이 앞섰다. 2시 30분경 우리는 해덕사를 두고 지름길로 내려간다는 게 밀림이다. 덤불 많은 산길, 나뭇가지, 찔레에 할퀴고 꽃가루는 온 얼굴을 덮어 옷이며 가방이며 노랗다. 계곡 낀 산길은 기슭으로 나 있을 것인데……. 체력과 경험이 얼마나 중요한지 실감했다. 계곡으로 내려오다 다시 언덕으로 조금 올라 마침내 덤불 옆에 길. 굴피나무, 마가목을 만나면서 숲을 헤치고 내려오니 마침내 포구다.

"휴우~ 수고하셨습니다."

3시 10분 대항어촌 마을, 가덕도 육소장망(六艘張網)은 전통 고기잡이 방법이다. 그물망으로 연결된 여섯 척 배가 숭어 떼 물목에 기다리다 산위의 망루에서 살핀다. 포위망에 들어올 쯤 신호를 보내 일제히 그물을 당겨 잡는데, 200년 넘은 방식이다. 숭어가 많이 잡히는 3~4월이 적기다.

대항새바지에서 바라본 해안

인근 외양포에는 일본군이 주둔했던 진지가 있다. 주민들을 강제 이주시켜 만들었는데 곡사포가 있었다. 러일전쟁 당시 발트함대가 가덕도 앞바다를 지나다 침몰했다고 한다. 바위 꼭대기 가덕도 등대도 일본 배들의 잦은 사고로 조선을 협박해 지은 것이다. 해안 암벽에는 80살 넘은 수천 그루 동백나무 군락지다. 동백나무는 차나무과 상록수로 해풍과 염기에 강하다. 우리나라 남부 해안과 일본 등지에 사는 키 작은 나무이지만 10미터 이상 자라는 것도 있고, 어긋나는 잎의 가장자리에 잔 톱니가 여리다. 이곳의 동백나무는 1993년 기념물로 지정되었다.

한적한 바다마을의 낭만에 대한 기대는 파도처럼 쓸려가고 다리 펼 시간도 없이 걷는다. 길은 다시 계단으로, 산으로 또 올라간다. 군부대 막사였던 희망정까지 20분, 거의 4시경 길섶에서 쉬는데 다들 힘든 기색이다. 버스도 없고 돌아갈 수 없는 진퇴양난(進退兩難)[5]이 돼 버렸다. 피로가 겹쳐선지 한 사람은 다리 아프다 하고, 이럴 땐 근육을 풀어주는 스프레이 파스가 필요한데 준비에 소홀했다. 15분 더 내려가니 어음포(魚音浦) 계곡. 민가가 있었는지 바다가 환

5) 나가기도 물러서기도 어려움(시경).

갈맷길 해안 곰솔

히 열려있다. 고요하고 평화로운 섬, 이곳으로 왜구들이 습격해 왔다고 생각하니 가슴 멎는다. 고인 물을 마시긴 뭣하지만 비상용으로 물 한 병 채웠다. 4시 30분, 파도소리 해안 길을 지나며 표지판이 반갑다. 동선새바지2.6 · 대항새바지3킬로미터, 거의 중간지점으로 해안 길 반 정도 왔다.

4시 40분, 누렇다고 누릉능인가? 바닷가 갈매기 소리, 뒤에 걸어오던 일행은 소식 없고 파도소리만 철썩거린다. 나무 쉼터에서 큰 대자로 쭉 뻗었다.

"한 잔 있으면 얼마나 좋을까?"

일행이다. 다시 언덕길 오르니 염소들이 돌아다니는데 방목했는지 땅 표면이 닳았고, 인기척에 놀란 염소 떼 산 아래로 내달려 흙먼지가 일어 뽀얗다. 외국에서는 일부러 급경사지 불에 타기 쉬운 마른 잎을 먹게 해 산불 위험요인을 없애는데 염소를 활용하지만 섬에서 풀어 키우는 염소들은 산림을 망가뜨려 빗물에 흙이 쓸리므로 생태계에 나쁜 영향을 미친다. 나무껍질을 먹어치워 식물 종을 감소시키는가 하면 황폐하게 만든다.

해안가 염소들

5시 넘어 기도원 지나고, 비릿한 바람 맞으며 바닷길 걸어오는데, 어깨를 움츠린 모녀는 바위 옆에서 발을 동동 구르고, 남편인 듯 낚시꾼만 줄을 던지며 신났다. 길 건너 눌차도, 산그늘 내려오니 어느덧 갯냄새가 진하게 배어난다. 바다 물 일하는 사람들이 정겹다 해도 오늘은 산행이 아니라 행군이었다. 9시간 동안 16킬로미터 걸었다. 길 건너 홍가시나무를 바라보면서 오후 6시 5분 출발지점으로 돌아왔다. 곧 사라질 마지막 남은 섬을 위해 한 장 찍었다. 세월 흐르면 자연은 기억하리.

눌차도 앞 매립예정지

탐방길

● 전체 16킬로미터, 9시간 정도

가덕수퍼·천가동사무소 → (30분)동선새바지 → (30분)육군용지 표석 → (15분)강금봉 → (45분)매봉 → (20분)응봉산→ (15분)갈림길→ (45분)어음포 감시초소 → (30분)연대봉 → (1시간 30분*점심·휴식 포함)해덕사 → (40분)대항어촌마을 → (20분)희망정 → (50분)어음포 → (25분)누릉능 → (30분)기도원 → (35분)동선새바지 → (20분)가덕수퍼·천가동사무소

* 뙤약볕에 10명이 느리게 걸은 평균 시간(기상·인원수·현지여건 등에 따라 다름).

무속의 터 일월산

굿 · 무당 · 황씨부인당 · 조지훈 석문 · 문학과 밥

쿵쿵목이 · 꼬리겨우살이 · 제련소 터

가파른 마지막 고개를 디뎌 다 올랐다고 여겼는데 산꼭대기 관광버스가 있는 줄 몰랐다. 철책을 둘러친 통신탑 옆으로 산신제를 지내는지 사람들이 시립(侍立)하고 있다. 눈길을 밟아 땀 흘리며 두 시간 가량 올라왔는데 정상에 차들이 다녀 황당하기 그지없다. 오른쪽으로 월자봉(0.4킬로미터), 왼쪽은 일자봉(1.4킬로미터)이다. 야트막한 산길, 우리가 걸어온 동쪽은 하얗게 눈이 덮였고 햇살 좋은 서쪽은 바람이 불지 않아 따뜻하고 눈도 없다. 나무 타는 냄새, 길 아래 장작 태우는 연기다.

"이 산에 집도 있네."

"아무리 우리가 멀리 왔대도 여기 사는 사람들한테는 뒷산일 뿐이다."

바위에 한자로 월자봉(月字峰)을 굵게도 새겼다(1,205미터, KBS중계소0.2 · 일월재1.4킬로미터). 동북쪽으로 울진의 통고산 · 천축산일 것인데 산 너머 동해는 구름을 가려 보여주지 않는다. 사방으로 늘어선 산들마다 빛바랜 사진처럼 누렇다.

가슴이 후련한지 일행은 멀리 쳐다보면서 묻는다.

"동해에서 떠오르는 해와 달을 볼 수 있다고 일월산이라 했습니다."

일월산 표석

월자봉

일월산은 일자봉 · 월자봉이 주봉이다. 봉화, 평해 중간의 험하지 않은 산이다. 산령각, 황씨부인당, 여러 절집 터가 있다. 태백산 아래 부분이라 음기가 있어 그믐날 내림굿을 하거나 점괘가 잘 나온다 해서 무속성산으로 알려졌다.

굿은 제물을 바치고 노래 · 춤으로 길흉화복을 비는 제의(祭儀)로 주로 무당이 한다. 신기(神氣)가 있는 사람에게 신을 내리는 내림굿은 신굿 · 신명굿 · 강신제라 불린다. 신병(神病)을 앓으면 밥을 먹지 못하고 잠도 못 자 환청과 환영에 시달리는데 내림굿을 해 무당이 돼야 낫는다.

굿은 지방마다 하도 많아서 다 알기 어렵지만 내림굿 외에도 씻김굿, 별신굿, 제석굿 등이 있다. 씻김굿은 죽은 이의 인형을 만들어 무당을 불러 벌이는 굿, 바다마을에서 풍어(豊漁)와 동제를 겸한 별신굿, 다만 동제는 제관이 하는 것이 다르다. 제석굿은 환인 · 환웅 · 단군을 모시는 굿으로 춤이 격렬 · 화려하며 작두를 타는 등 신기를 부린다.

무당이 지닌 영적 감수성을 영발(靈發) · 영대(靈帶) · 영성(靈性)이라 하는데 여성들이 영성에 민감하며 뛰어난 편이다. 사람이 동물에 비해 뛰어난 것은 영성과 지성이 함께 발달했기 때문이다. 특히 영성이 높고 신념이 강한 여성 무속인들은 여성 특유의 높은 이해심과 영적 감수성에 바탕을 둔 예지력을 발휘하여, 어려움에 처해 의지하려는 사람들에게 도움을 준다.

뽀드득 거리는 눈을 밟으며 통신탑 쪽으로 내려오는데 일월산 표석이 있는 곳에 버스로 싣고 왔는지 큰 제사상까지 동원됐다. 정상 표지석을 신위(神位) 삼아 음력도 아닌 양력에 산신제를 지내니 그 산악회 올해는 크게 창대 하겠다. 대략 20명 되는데 여성들이 대다수다. 어디서 왔는지 모르지만 관광차로 불과 400미터 산을 걷고 일월산 다녀왔다고 자랑할 테지…….

정상 표지석 앞에서 사진을 찍으려니 현수막, 제사상이 놓여 갔다 오면서 찍자고 일부러 크게 말하고 황씨부인당으로 내려간다.

"옛날 우씨 문중에 시집온 평해 황씨인데, 아들을 낳지 못해 시어미와 남편에게 시달린 부인이 행방불명되자 119, 경찰까지 동원됐지만 찾을 수 없었어. 나중에 헬기로 찾았으나 이곳에서 죽었지 뭐야. 사람들은 원혼을 달래주러 당집을 지었어요."

나는 사설을 늘여 놓는다.

119, 헬기가 어디 있었냐며 도무지 믿어주질 않는다.

길옆에 기와를 올린 제각(祭閣)인데 산령각이다.

"황씨부인당이 어디 있습니까?"

"아래채."

나이 지긋한 촌로(村老)다.

70년대 집이 부인당. 문을 열어보니 법당 분위기다. 앞에 영정(影幀)이 걸렸고 향로 · 양초 · 부채 · 술 · 과일 등 여러 제물이 놓여있다. 밖으로 나오면서

일행이 황씨부인 이야기를 들려달라고 하니,

"전설의 고향에 많이 나왔는데 황씨 집에 시집와 족두리 못 벗고 죽었어."

아마도 당집을 지키며 사는 사람 같은데 퉁명스레 한마디 뱉는다.

그러니까 내 얘기 잘 들어요.

"119, 경찰, 헬리콥터는 빼고 나머지는 사실이야. 딸 아홉 낳고 구박받다 이곳에서 목매 죽은 거지. 산삼캐던 사람이 삼막(蔘幕)에 소복(素服)한 여자가 있다고 알려주었는데 찾으러 와 보니 백골만 남았던 거야. 심마니는 죽은 귀신을 본 것이지요. 해코지를 하지 말라고 당신(堂神)으로 모셨습니다."

또 다른 이야기는,

"첫날밤 창호지에 비친 그림자에 놀란 신랑은 달아나고 말았어요. 대나무 그림자를 칼로 알았던 것. 족두리도 벗지 못하고 신부는 한을 지닌 채 죽습니다."

그제야 일행들은 고개를 끄떡인다.

"죽어서도 신방을 지킨 거룩한 여인."

"여자가 한을 가지면 오뉴월에도 서리 내려. 잘 해."

> "당신이 오시는 날까지는 ~ 천년이 지나도 눈감지 않을 저희 슬픈 영혼의 모습입니다. ~ 당신의 따슨 손길이 저의 목덜미를 어루만질 때, 그 때야 저는 자취도 없이 한 줌 티끌로 사라지겠습니다. ~ 당신이 오셔서 다시 천 년토록 앉아 기다리라고, 슬픈 비바람에 낡아 가는 돌문이 있습니다."

버림받은 황씨 부인을 위한 조지훈[1]의 시 석문(石門)의 일부다. 부인은 죽어서도 문학작품으로 나타났고 일월산을 더욱 이름나게 하였다.

20분 후 일월산 표지석 앞으로 돌아왔는데 여태껏 치우지 않았다. 새해부터 피해를 주는 이런 산악회 때문에 건전한 등산객까지 욕을 얻어먹게 되는 것

1) 조동탁(1920~68), 일월출신으로 한학을 배우고 혜화전문학교(동국대)졸업. 1939년 문장에 추천되어 고전 풍물의 "승무"를 발표한다. 박두진 · 박목월과 청록파시인. 경기여고 교사, 고려대 교수를 지냈다.

이다. 다른 곳으로 표석을 옮겨야 앞으로 이런 일이 생기지 않을 것이다.

정오 지나 눈이 녹지 않은 동쪽 사면을 걸어가는데 당단풍 · 신갈나무 흰 눈 속에 섰고 다래덩굴에 연신 머리를 부딪친다. 따라오던 일행이 한마디 거든다.

"키 크니 손해 보는 때도 있네요."

거의 50분 걸었다. 오후 1시경 일자봉인 일월산(日月山 1,219미터), 쿵쿵목이0.5 · KBS중계소1.5 · 월자봉1.8 · 윗대티2.8 · 용화선녀탕2.7킬로미터다. 눈이 쌓였지만 햇살이 따뜻한 양지바른 곳인데 멀리 일망무제, 뾰족 올라온 것이 검마산 · 백암산일 것이다. 해맞이 행사를 위해 난간을 광장처럼 넓게 만들어 놓았다. 표석 뒤에는 지역출신 소설가의 일월송사(日月頌辭)가 새겨져 있다.

15년쯤 됐을까? 겨울밤 이 분과 함께 밤새워 잔을 기울이던 기억이 새롭다. 새벽에 술이 떨어져 이웃마을로 심부름 갔던 그 때의 문하생들은 얼마나 유명한 문인이 됐을까? 문학은 가난의 대명사다. 가난하면 정신이 맑아진다는 숙명으로 글 쓰는 사람은 예로부터 가난했다. 최근에 생활보조금을 받는 여류시인, 지하방에서 굶어 죽은 작가……. 누구나 명성을 꿈꾸지만 결코 문학은 밥이 될 수 없다. 문인 가운데 원고료를 받아 생계를 꾸리는 사람은 천 명에 한 명도 되지 않을 것이다. 오죽했으면 박완서도 "문인은 가난하니 부의금을 받지 말라." 고 유언했을까? 그래선지 이 고장은 오일도, 조지훈, 이문열 등 여러 문인을 배출했지만 재정자립도 전국 꼴찌수준을 면치 못하고 있다.

"올해는 황금개띠 해, 복 많이 받으세요."

"아직 닭띠 햅니다."

일자봉에서 바라본 동쪽, 멀리 검마산, 백암산

설날부터 무술(戊戌)년이니 개띠 해가 아니다. 기업의 얄팍한 상술과 이에 편승한 역술가들의 부질없는 합작품이 황금개띠다. 무술년의 무(戊)는 10개의 천간(天干) 중 다섯 번째, 다섯째 천간 무(戊)다. 음양은 양(陽), 오행으로 토(土), 방위는 가운데(中), 노란색(黃)을 의미한다. 노란색이니 그냥 누렁개라 하면 될 것을 황금을 갖다 붙여야 직성이 풀리는가 보다.

일월산도 백두대간과 낙동정맥이 갈라지는 태백산 아래의 은밀한 부분으로 유추해 꼭 이렇게 음기가 많다고 해야 하는가? 여럿이 우긴다면 곧이곧대로 믿는 삼인성호(三人成虎)가 딱 맞다. 다수의 의견에 반대하면 배척당한 역사적 경험이 오늘날의 유별난 대중성으로 나타난 것이다.

땅을 밟으면 속이 빈 것 같이 쿵쿵거린다 해서 "쿵쿵목이"다. 누가 처음 불렀던 이름인지 토속적이고 정겹다. 노박덩굴 노란 깍지가 아직 달려있고 두릅 · 신갈나무 겨울가지 너머 까마귀 소리 꼭대기에 있다. 먼 산 바라보며 점심

을 먹는데 바람도 불지 않고 따뜻해서 순한 산이라는 것을 실감한다.

오후 2시, 능선 따라 눈을 밟고 내려가는데 위에서 내리쏟는 햇살에 산 아래까지 그림자 길게 드리워졌다. 오전에 윗대티 계곡 길로 올랐던데 비하면 쉬운 길이다. 대티는 대치(大峙), 큰골 · 큰 고개다. 한티인 것이다. 산그늘마다 하얗게 눌러앉은 잔설, 장갑 낀 손끝이 시렸다. 겨울하늘은 파란 유리처럼 말갛다. 철쭉 · 단당풍 · 신갈 · 쇠물푸레 · 박달 · 물박달 · 느릅나무…….

얼룩덜룩 물박달, 오돌토돌 느릅나무, 꺼끌꺼끌 껍데기 갈라진 박달나무, 멀리 보이는 산세는 골골이 가지런하지 못해 산만하고 어설프다.

잠시 더 내려가면서 신갈나무 원시림인데 어른 두 사람이 안고 남을 정도로 큰 나무다. 바위지대 내리막길 눈이 엉겨 붙은 얼음길. 낙엽이 덮여 미끄러지면서 몇 번 휘청거리다 겨우 넘어지지 않고 섰다. 허리가 뻐근할 정도다. 하마터면 큰일날 뻔 했다. 뒤따라오는 일행들에게 새해 첫 산행부터 다치면 안 되니 조심하라고 단단히 일렀다. 30분 더 내려가 산 아래 찻길이 보이는데 하나

일월산 겨울 능선

바위에 얹힌 신갈나무

무지갯빛 햇살

둘씩 미끄러진다. 눈에, 바위에, 얼음에, 낙엽에, 저마다 한두 번 씩 엉덩방아를 찧었다.

큰 소나무에서 산위로 올려다보니 왼쪽으로 눈부신 햇살이 내려오는데 둥근 돔형 건물, 중계탑, 월자봉이 아스라이 보인다. 이산 꼭대기도 어김없이 철탑들이 자리를 차지했다. 까마귀소리도 햇살을 물고 길게 늘어진다. 어릴적 서당 다니던 오후의 햇살 분위기다. 절벽 바위지대 소나무림인데 송진을 뺀 흔적이 뚜렷하다. 산 아래 거의 내려오니 차츰 신갈나무 지대 지나고 주차장이 보이는 아래쪽에 잔솔과 신갈나무가 섞여 자란다.

산길에 떨어진 탱글탱글한 노란열매는 끈적거리면서 달다. 따라오던 친구는 언제 봤는지 아무거나 주워 먹는다고 잔소리다. 꼬리겨우살이. 겨우살이는 잎이 지지 않는 상록수, 꼬리겨우살이는 겨울에 잎이 떨어지고 노란 열매만 주렁주렁 달린다. 태백산 등 고산지대 자라는 희귀종인데 보통 겨우살이보다 항암 · 고혈압예방 등 약효가 훨씬 뛰어나고 쓴 맛이 없다. 늦게 자라 열매 · 꽃이 작고 밤 · 뽕 · 참나무 등에 붙어산다. 일반적인 겨우살이는 참 · 밤 · 팽 · 오리나무 등에 까치집처럼 둥지를 틀 듯 자란다. 한라 · 내장산 등지의 붉은 열매가 달리는 붉은겨우살이, 남해안 · 섬 · 제주에 볼 수 있는 동백겨우살이도 있다. 겨우 살아간다고 겨우살이인데 오늘은 겨울에 산다고 겨우살이로 부르고 싶다.

꼬리겨우살이 열매

산 아래 탈탈탈 경운기소리 지나고 오후 3시경 바로 밑에 주차장(월자봉2.7 · 일자봉3.5 · 반변천발원지1.7킬로미터)이다. 아침 9시 30분 이곳 윗대티에서 큰골갈림길(월자봉2 · 일자봉3킬로미터)거쳐 정상까지 2시간 올라갔으니 오늘은 8킬로미터, 모두 5시간 30분 정도 걸었다

차를 달려 잠시 내려오니 길옆에 제련소 터다. 1930년대부터 일월산에서 캐낸 금 · 은 · 동을 제련하던 곳이었으나 70년대 문을 닫고 오염 · 방치된 곳에 야생화를 심어 산뜻한 공원으로 꾸몄다. 일제강점기 수백 명이 일했고 일대에 전기까지 들였다. 안쪽에 제련하던 흔적이 남아 있다.

하늘 아래 산간벽촌 수비(首比)를 지나 아홉 개 구슬 꿴 지형이라는 구주령(九珠嶺 · 구실령)을 거쳐 동해로 빠져나왔다.

탐방길

- **전체 8킬로미터, 5시간 30분 정도**

윗대티 주차장 → (20분)큰골 갈림길 → (50분)가파른 나무계단 → (50분)중계소 갈림길 → (10분)월자봉 → (10분)일월산표석 → (5분)황씨부인당 → (50분)일자봉 → (1시간*휴식 포함) 동쪽하산 능선길 → (1시간)윗대티 주차장

* 눈길 6명이 느리게 걸은 평균 시간(기상·인원수·현지여건 등에 따라 다름).

참고문헌

- 녹색세계사, 이진아 옮김 2003.
- 월든, 헨리데이비드 소로 2013.
- 신증동국여지승람 1~7, 민족문화추진회 1988.
- 한국의 민속종교사상, 삼성출판사 1985.
- 한국의 실학사상, 삼성출판사 1985.
- 한국의 근대사상, 삼성출판사 1985.
- 한국의 유학사상, 삼성출판사 1985.
- 한국의 불교사상, 삼성출판사 1985.
- 옛 시정을 더듬어, 손종섭 1992.
- 옛 시조감상, 김종오 1990.
- 해방 전후사의 인식1~6, 한길사 1989.
- 매월당 김시습, 이광수 1999.
- 남명조식의 학문과 선비정신, 김충열 2008.
- 선(禪), 고은 2011.
- 육조단경, 혜능 2011.
- 답사여행의 길잡이 1~12, 한국문화유산답사회 1999.
- 나의 문화유산 답사기1~6, 유홍준 1995.
- 삼국유사, 을유문화사 1976.
- 삼국사기, 일문서적 2012.
- 인물 한국사, 이현희 1990.
- 병자호란1~2, 한명기 2014.
- 역사산책, 이규태 1989.
- 등산이 내 몸을 망친다, 비타북스 2013.
- 미학, 하르트만 1983.
- 한국 가요사 1~2, 박찬호 2009.
- 현대시학, 홍문표 1991.
- 행복의 심리학, 이훈구 1997.
- 소나무 인문사전, 인문자원연구소 2015.
- 한국건축 용어사전, 김왕직 2012.
- 전설 따라 삼천리, 명문당 1982.
- 한국의 야사, 김형광 2009.
- 한국의 민담, 오세경 엮음 1998.
- 조선중기의 유산기 문학, 집문당 1997.
- 우리 동학, 한국컨텐츠연구원 2015.

- 택리지, 을유문화사 2013.
- 우리나무 백가지, 이유미 1999.
- 터, 손석우 1994.
- 우리 땅 우리풍수, 김두규 1998.
- 침묵의 봄, 레이첼 카슨 2009.
- 숲속의 문화 문화속의 숲, 임경빈 외 1997.
- 한국의 사찰, 김학섭 1996.
- 사찰기행, 조용헌 2010.
- 한국귀신 연구, 신태웅 1989.
- 한국불상의 원류를 찾아서 1~3, 최완수 2002.
- 한국수목도감, 임업연구원 1987.
- 사랑 그리고 마무리, 헬렌 니어링 2000.
- 조화로운 삶의 지속, 헬렌 니어링 2002.
- 생명사랑 십계명, 제인구달 2003.
- 명상록, 마르쿠스 아우렐리우스 1988.
- 에밀, 루소(대문출판사) 1978.
- 한국철학 사상사, 한국철학사연구회 1999.
- 위대한 탐험가들, 이병렬 옮김 2010.
- 우리 강을 찾아서, 한국수자원공사 2007.
- 등산기술 백과, 손경호 1993.
- 한국 600산 등산지도, 성지문화사 2009.
- 찾아가는 100대 명산, 산림청 2006.
- 세계는 기적이라 부른다, 산림청 2007.
- 성씨의 고향, 중앙일보사 1986.
- 조선왕조실록, 박영규 1998.
- 고려왕조실록, 박영규 1998.
- 삼국왕조실록, 임병국 2001.
- 우리자연 우리의 삶, 권혁재 2011.
- 산림경제 1~2, 민족문화추진회 1985.
- 한국사상사, 유명종 1995.
- 한국유학사, 배종호 1997.
- 종의 기원, 을유문화사 1983.
- 현대시학, 홍문표 1991.
- 동물기, 을유문화사 1969.
- 서울 땅이름 이야기, 김기빈 2000.
- 땅이름 국토사랑, 강길부 1997.
- 인간 본성에 대하여, 에드워드 윌슨 2011.
- 범패의 역사와 지역별 특징, 윤소희 2016.

| 찾아보기 |

4. 붉은 노을빛 깃대봉

5. 호국정토의 상징 경주 남산

6. 수난의 섬 강화 마니산

7. 마륵의 성지 모악산

8. 산줄기, 강줄기 바라보는 법화산

9. 동백꽃 피는 선운산

10. 눈의 고향 설악산

11. 칠승팔장 설화산과 광덕산

12. 선인이 살고 있는 성주산

13. 구름 머무는 억산, 운문산

14. 울진 십이령 금강소나무 숲길

15. 청풍명월 덕주공주의 월악산

16. 목포의 눈물 유달산

17. 산전수전 겪은 가덕도 연대봉

18. 무속의 터 일월산